KB005192

자동차 연비 구조 교과서

자동차 연비 구조 교과서
엔지니어가 알려주는 고연비 공학 기술과 운전 메커니즘 해설

1판 1쇄 펴낸 날 2023년 6월 27일

지은이 이정원
그린이 남지우
주간 안채원
책임편집 윤대호
편집 채선희, 윤성하, 장서진
디자인 김수인, 김현주, 이예은
마케팅 함정윤, 김희진

펴낸이 박윤태
펴낸곳 보누스
등록 2001년 8월 17일 제313-2002-179호
주소 서울시 마포구 동교로12안길 31 보누스 4층
전화 02-333-3114
팩스 02-3143-3254
이메일 bonus@bonusbook.co.kr

ISBN 978-89-6494-630-5 03550

• 책값은 뒤표지에 있습니다.

자동차 연비구조 교과서

The Way to Get Better Fuel Mileage

엔지니어가 알려주는 고연비 공학 기술과
운전 메커니즘 해설

이정원 지음 | 남지우 그림

보누스

머리말

연비가 좋은 자동차를 타고 있습니까?

자동차는 돈 먹는 기계다. 평범한 개인에게는 집 다음으로 비싼 소비재인 데다, 이것저것 액세서리를 달거나 차량을 관리하는 모든 과정에 상당한 돈을 지출한다. 이제 막 사회생활을 시작하는 초년생에게 목돈을 만들기 위한 경제적 조언을 건넬 때 "차를 사지 마라."라는 말을 한다고 하니, 그만큼 자동차를 구매하고 유지하는 데 돈이 많이 드는 것은 분명한 사실이다.

그중에서도 꾸준히 드는 비용이 기름값이다. 2022년 우크라이나와 러시아 사이에 전쟁이 발발하자 유가가 곧바로 치솟았다. 2023년 지금도 유가는 여전히 높은 편이다. 상황이 이러니 주유소에 들러야 할 때마다 운전자는 늘어가는 카드값에 시름이 깊어갈 뿐이다. 특히 차량으로 이동을 많이 해야 하는 직업을 가진 사람이라면 기름값이 곧 생존 문제와 연결되기도 한다. 이래저래 신경을 쓰지 않을 수 없는 문제가 바로 기름값과 연비다.

연비는 환경과도 연관이 있다. 같은 거리를 이동하더라도 적은 연료를 사용하면 그만큼 이산화탄소를 덜 배출하니, 연비가 좋다는 말에는 친환경적인 의미도 있다. 아직은 비싸고 충전도 불편한 전기차를 타는 대신, 좋은 운전 습관을 실천하는 것만으로도 지구를 살리는 데 이바지할 수 있다.

이처럼 연비는 환경을 보호하는 동시에 운전자의 지갑 사정도 돌보는 데 결정적인 역할을 한다. 그렇다면 운전자들은 어떤 차의 연비가 더 좋고, 어떻게 운전해야 기름을 덜 쓰고 달릴 수 있는지 얼마나 알고 있을까. 일상대화에서 연비가 주제로 등장하면 노련한 운전자는 물론이고 초보자조차 몇 마디 하는 게 보통이지만, 다들 막연한 이야기뿐이다.

왜일까? 일반인들이 이해하기에는 엔진에서 연료를 태워 차를 움직이게 하는 메커니즘이 너무 복잡하기 때문이다. 만약 연료와 변속기의 종류에 따라 어떤 특징이 있는지 이해하고, 자동차와 엔진에 탑재된 여러 기능까지 파악한다면 연비를 바라보는 시선이 달라질 것이다. 이런 이해를 바탕으로 평소 내가 자동차를 운전하는 습관을 돌아보고 연비를 올리는 운전 습관을 실천할 수 있다. 게다가 자동차를 구매할 일이 있다면 연비를 기준으로 자동차를 선택하는 데도 도움이 될 것이다.

《자동차 연비 구조 교과서》는 자동차 연비가 무엇이며 이와 관련한 기술에 무엇이 있는지, 그 특성은 무엇인지 등을 자동차 공학의 관점에서 설명한다. 자동차 회사에서 차량을 개발했던 경험을 바탕으로 집필했지만, 전문적인 내용을 일반인도 쉽게 이해하도록 최대한 노력했다. 자동차를 사랑하고 더 알고 싶어 하는 마니아는 물론이고 연비에 관심을 둔 운전자 누구나 이 책을 읽고 자동차를 깊이 이해해서, 지갑과 환경을 모두 지키는 안전하고 경제적인 운전을 할 수 있기를 기대한다.

이정원

차례

3장 >>>
고연비를 위한 운전 메커니즘

5장 >>>

연비에 영향을 주는 자동차 특성

6장 >>>

하이브리드와 전기차의 연비

일러두기

본문에서 언급하는 '연비'는 燃比를 의미한다. 즉 통상적으로 연료 효율을 뜻하며 이는 연료 1리터로 얼마만큼 갈 수 있는지를 기준으로 말한다. 따라서 '연비가 높다', '고연비' 등의 표현은 연비가 좋다는 뜻이다.

0장

연비란 무엇인가?

0-01

연비의 정의와 실체

모든 동력 전달에는 에너지 손실이 있다

우리가 자동차를 타는 이유는 이동하기 위해서다. 그런데 물체를 한 곳에서 다른 곳으로 옮기는 데는 당연하게도 에너지가 필요하다. 모든 내연기관 차량은 연료를 연소시켜 거기에서 발생하는 에너지로 약 2t에 달하는 육중한 차체를 움직인다.

이 과정에서 얄궂게도 에너지 손실이 일어난다. 연료에 담긴 화학에너지를 우리가 원하는 운동에너지로 전환하는 과정에서 손실이 발생한다. 미국환경보호청(EPA) 자료에 따르면 가솔린 엔진 차량의 에너지 효율은 20% 남짓이다. 엔진에서 일어나는 연소 과정 중에 65% 정도가 배기가스의 열과 마찰로 날아가고, 공기를 빨아들이고 내뿜는 펌핑 동작에서도 3% 정도의 에너지가 소비된다. 엔진에서 변속기와 섀시를 거쳐 바퀴로 전달되는 과정에서 다시 5% 정도 손실이 나며, 냉각수 펌프와 배터리를 충전하는 얼터네이터 같은 차량 부품들을 구동하는 데도 5% 정도가 필요하다. 게다가 잠시 정차하고 있는 아이들(Idle) 상태에서 돌아가는 엔진에서도 에너지 손실이 있다. 자동차는 이 모든 손실 과정을 거친 후 남은 에너지로 움직인다.

결국 연비를 개선하려면 손실을 줄여야 한다. 엔진 연소와 드라이브 라인의 전달 효율을 개선하고, 불필요한 연소를 줄이는 한편 나도 모르게 작동하는 여러 기능을 최소화해서 절약하면 1L로 자동차가 갈 수 있는 거리는 늘어난다. 이처럼 연비란 자동차와 이를 조작하는 운전자의 현재를 그대로 보여주는 지표와 같다. 연비 1%를 개선하면 같은 거리를 가더라도 그만큼 연료를 덜 쓴다는 것이고, 그만큼 유지비를 아끼면서 이산화탄소도 덜 발생시킬 수 있다. 그러기에 자동차 제조사들은 새로운 기술을 적용해 조금이라도 연료를 절약하고자 하는 노력을 지금도 계속하고 있다.

가솔린 엔진 차량의 에너지 흐름도

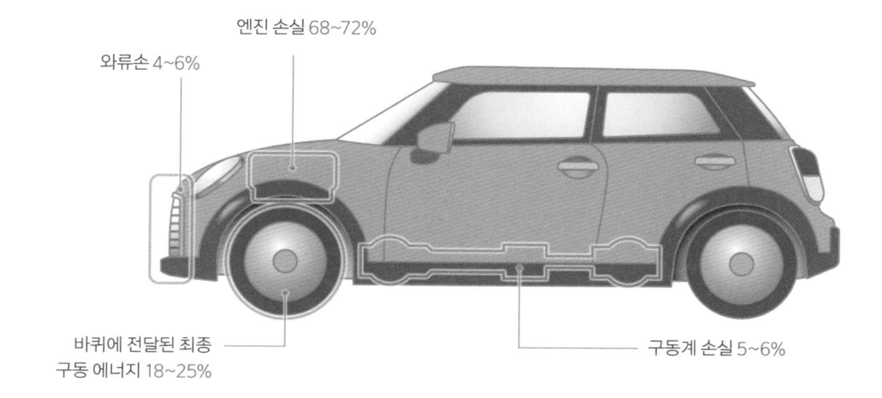

이 그림에서 알 수 있듯, 열에너지를 운동에너지로 변환하는 과정에서 가장 큰 손실이 발생한다.
(출처 : 미국환경보호청)

트립 컴퓨터에 표시되는 연비

계기판을 보면 쉽게 연비를 알 수 있다.

자동차 제조사가 정하는 공인 연비

스스로 정하지만 엄격해졌다

모든 신차는 출시되기 전에 인증 과정을 거친다. 예전에는 연비도 인증 대상이어서 제조사가 차를 준비해 가져가면, 시험을 거쳐 수치를 받았다. 당시에는 이를 그대로 인정받았다. 한 번의 시험으로 결정이 되다 보니, 제조사는 연비가 제일 좋게 나오도록 잘 길들인 차량을 준비했다. 주행 시험도 정해진 모드(mode)에서 능숙하게 운전하는 전문 드라이버가 진행하곤 했는데, 이래야 연비가 잘 나오기 때문이다.

유럽 NGO인 유럽운송환경연합(T&E)는 자동차 제조사들이 연비 시험 결과가 좋게 나오도록 갖가지 방법을 동원해 차량에 손을 댔다고 폭로한 적이 있다. 마찰력이 적은 타이어와 엔진 오일을 쓰고, 배터리도 미리 완충한 상태에서 얼터네이터를 끊는 등 온갖 방법으로 차량 주행저항 시험 결과가 유리하게 나오도록 했다는 것이다. 이러니 자동차 제조사가 발표한 연비와 실제 소비자들이 실감하는 연비에는 차이가 있을 수밖에 없었다.

소비자들의 불만이 높아지자 우리나라도 2003년부터 자동차 연비 관리를 사후 인증 제도로 변경했다. 자동차 제조사가 연비를 스스로 정해서 공지하되, 차량이 어느 정도 판매된 시점에서 시중 자동차의 연비를 불시에 측정하고, 이를 공인 연비와 비교하는 것이다.

결국 제조사가 개입할 수 있는 여지가 많이 줄어들었다. 지나치게 좋은 연비를 신고했다가 실제와 다르다는 사실이 드러나면 벌금을 내야 하고, 소비자에게 민사소송도 당할 수 있다. 기대한 연비와 실제 연비의 차이만큼 연료비를 더 썼다는 이유에서 말이다. 그래서 연비 수치를 정할 때는 사전에 여러 시험을 거쳐 데이터를 모은 다음, 시장에서 발생할 수 있는 변수들을 고려해서 정한다. 스스로 정하도록 제도가 바뀌었지만, 더 엄격해진 셈이다.

유럽 자동차 제조사의 연비 조작 방법

(참고 : 〈Grist〉)

대표적인 연비 측정 모드

종류	특징
FTP-75	1975년, 미국에서 마련한 측정 모드로 당시 LA의 주행 흐름을 반영했다.
10-15	일본에서 1990년부터 적용하고 있는 모드로 고속도로 주행 조건을 고려했다.
WLTP	2015년 디젤 게이트를 계기로 유럽이 기존 NEDC를 개선한 모드다.

0-03

공인 연비와 실연비의 차이

조건에 따라 연비가 달라진다

연비를 검증하는 시험 방법이 더욱 발전하면서 최근에는 공인 연비와 실연비의 차이가 많이 줄어들었다. 그러나 우리나라 평균 신장과 개개인의 신장 사이에 차이가 나듯이 공인 연비도 표준화된 조건에서의 대표 연비를 의미하기 때문에 실연비와는 차이가 있을 수밖에 없다. 여기에는 몇 가지 요인이 있다.

차를 구매한 후에는 길들이기가 필요하다고 한다. 주행거리 3,000km 이전까지는 차량 부품들이 충분히 서로 맞물리지 않아서 저항이 크기 때문에 연료가 더 많이 소비된다. 다만 5,000km 이상 주행하면 안정화된다. 따라서 공인 연비 측정 시험도 10,000km 이상 주행한 차량을 기준으로 진행한다. 반대로 10만 km 이상 주행했거나 오랫동안 정차해 있다가 주행하는 차량이라면 연비가 다시 나빠진다.

무게도 큰 요인이다. 공인 연비 시험을 할 때는 차량에 성인 2명이 탄 무게를 가정해서 저항값을 세팅하지만, 실주행에서는 차마다 다르다. 트렁크에 잠들어 있는 캠핑용품이 연료를 계속 잡아먹고 있는지도 모른다.

무엇보다도 가장 큰 요인은 주행 모드다. 공인 연비는 복합 연비라고 해서, 평균 30km/h의 도심 주행을 65%, 70km/h의 고속 주행을 35% 비율로 가중치를 두고 평균을 낸다. 실주행에서는 사람과 지역마다 운전 행태가 모두 다르다. 그래서 요즘은 도심 주행과 고속 주행의 연비를 별도로 표시한다.

마지막으로 운전자의 운전 습관이 크게 연비를 좌우한다. 가속과 감속이 많을수록 연비는 나쁠 수밖에 없다. 계기판에 찍히는 본인 차량의 평균 차속을 기준으로 도심과 고속도로에서의 수치를 비교해 보면 대략 내 주행 습관이 어떤지 추정해 볼 수 있다.

공연 연비와 실제 연비 비교 (단위 : L당 km)

연료	차종	공인 연비	실제 연비
가솔린	모닝	18.0	12.7
	아반떼 HD	15.2	12.0
	쏘나타	10.7	8.7
디젤	아반떼 HD	16.5	13.2
	싼타페 2.0	12.6	10.5
	카니발	12.9	9.7
LPG	카렌스	10.0	7.5
	K5	8.7	6.7
하이브리드	아반떼하이브리드 LPi	17.8	12.4

(출처 : 한국석유관리원 녹색기술연구소)

공인 연비와 실제 연비 사이에는 분명한 차이가 있다.

2022년 에너지관리공단 도심 연비 측정 결과

	측정 연비(km/L)	계기판 연비(km/L)
차량 A	17.5	18.3
차량 B	12.7	12.9
차량 C	18.4	17.3
차량 D	12.6	12.8

2011년 복합 모드 도입으로 연비는 많이 현실화됐다. 2022년 에너지관리공단 시험 결과를 보면 큰 차이가 없다.

Column

계기판에 표시된 연비, 어떻게 계산한 것일까?

자동차 계기판에는 트립 컴퓨터가 계산한 연비가 표시된다. 운전자가 연비라는 개념을 확인할 수 있는 가장 쉬운 방법은 아마도 계기판의 연비를 확인하는 것이 아닐까. 계기판에 표시된 연비는 이전 리셋한 시점부터 주행한 거리에 그동안 소모한 연료량을 나눠서 계산한 것이다.

주행거리는 ABS에 장착된 차속 센서를 통해 산출된다. 바퀴가 돌아가는 회전 속도와 타이어의 구동 반경을 통해 차속이 계산된다. 그런데 안전한 주행을 위해서 일반적으로 3% 정도 실제 차속보다 더 높게 설정돼 GPS를 이용하는 내비게이션보다 조금 높게 나온다. 주행거리도 그만큼 높게 나오는 셈이니 연비 결과도 조금 유리하다.

소모한 연료량은 연료 탱크의 잔량이 아니라, ECU(Engine Control Unit. 엔진 제어 유닛)가 출력과 공연비를 맞추기 위해서 인젝터의 분사 기간을 제어하려고 계산한 연료 분사량을 적산한 양이다. 실제 분사압과 분사 시기를 조절하는 값을 그대로 사용하기 때문에 실제 소모되는 연료량에 가깝다.

순간 연비는 실시간으로 일정 기간 이동한 거리와 소모한 연료량으로 계산한다. 액셀 페달을 얼마나 밟았는지에 따라 민감하게 변하기 때문에 연비 운전을 하는 습관을 들이는 데 참고하면 좋다. 평균 연비에는 운전자 본인이 평소에 다니는 경로와 교통 상황, 운전 습관들이 다 들어가 있다.

계기판에 표시된 연비는 가장 최근 주행의 연비 경향을 반영하기 때문에 연료 탱크 잔량으로 갈 수 있는 거리를 계산하는 데도 활용된다. 보통 연료량 센서의 최소치가 되면 주유 경고등이 들어오지만, 평균 연비가 아주 낮은 상황이라면 주행 중에 차가 서는 상황을 막기 위해 미리 주유 경고등을 띄워 주유를 유도한다.

1장

연비 운전의 출발점, 엔진 구조를 이해하다

엔진 배기량과 연비

배기량이 적을수록 연비는 유리하다

엔진은 공기를 빨아들여 실린더를 채우고, 들어온 흡기량에 비례하는 연료를 분사해서 연소시킨다. 이 과정에서 에너지를 생성한다. 배기량은 엔진의 최대 용량, 즉 한 번에 얼마나 많은 힘을 낼 수 있는지를 의미한다. 최대 속도가 300km/h를 넘는 슈퍼카들의 배기량이 6,000cc 이상인 이유도 여기에 있다.

배기량의 크기가 힘의 크기를 뜻하지만, 연비를 측정하는 일반 주행에서 너무 큰 배기량은 오히려 부담스럽다. 일상적인 집안일을 하는 데 큰 근육이 꼭 필요하지도 않거니와 그 근육을 유지하려면 식비가 많이 들 수밖에 없듯이 배기량이 증가할수록 일상 주행을 기본으로 상정한 공인 연비는 나쁠 수밖에 없다.

어떤 엔진이 내는 최대 토크가 300Nm라고 한다면, 아이들 상태를 유지하는 데 드는 토크는 30Nm이며 일상 도심 주행을 하는 데 필요한 토크는 100Nm 내외다. 만약 60Nm의 토크만 필요하다면, 액셀 페달로부터 운전자의 요청을 받은 엔진은 흡기관에 있는 스로틀을 닫아서 전체 실린더 배기량의 5분의 1만 흡입하도록 조절한다.

이런 과정에서 엔진은 주사기를 당기는 것과 같은 펌핑 작업을 하게 된다. 더 많이 스로틀을 닫을수록 손실은 더 증가한다. 엔진 배기량이 클수록 같은 토크를 내기 위해 스로틀을 더 많이 닫아야 하므로 펌핑으로 손실되는 에너지가 더 커진다.

현대자동차 홈페이지에 공시된 모델들을 기준으로 살펴보면, 배기량이 클수록 연비가 나빠지는 경향을 볼 수 있다. 대형차일수록 차량이 무거워지고 그에 따라 엔진 배기량이 커지는 것도 있지만, 일반적인 주행을 하는 데는 1.0L 엔진으로도 충분하다.

아우디 6L 12기통 엔진

일상 주행에서는 이 엔진 배기량의 3분의 1이면 충분하다.

현대기아 세단 차량의 연비

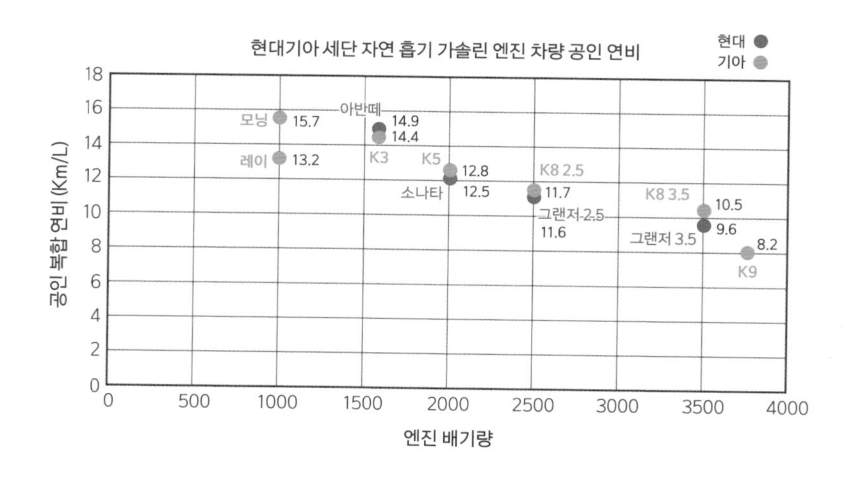

2022년 기준, 현대기아 세단의 연비를 비교했다. (출처 : 현대자동차 블로그)

1-02

500cc 우유갑만 한 기통 크기

화염이 전파되는 속도 때문에 크기가 제한적이다

승용차는 보통 엔진 배기량에 따라 기통 수가 정해진다. 중형차인 2L 엔진은 보통 4기통, 3L는 6기통, 6L 엔진은 12기통이다. 대개 한 기통의 크기는 500cc 우유갑 크기만 하다.

한 실린더의 크기는 화염이 전파되는 속도와 연관이 있다. 가솔린 엔진은 연료와 공기가 미리 잘 섞여 있는 상태에서 스파크 플러그가 불꽃을 일으킨다. 이때 점화가 일어나고 연소가 되는 구조라서 스파크 플러그로부터 화염이 전파되는 시간이 필요하다.

일상 주행에서 주로 사용하는 1,800rpm을 기준으로 계산해 보면, 1분에 1,800번 회전하고, 2회전당 1사이클이므로 1사이클에 15분의 1초라는 시간이 걸린다. 1사이클은 '흡기/압축/폭발/배기'라는 4행정을 거치므로, 1번 연소해서 폭발을 60분의 1초 이내에 마쳐야 한다.

만약 실린더 크기가 너무 작으면 폭발 행정이 끝나기 전에 화염이 벽면에 닿아서 효율이 떨어지고, 열 손실도 크다. 반대로 실린더 크기가 너무 크면 폭발 행정이 끝나도 실린더 안에 있는 모든 연료를 태울 수 없고, 아직 화염이 도착하지 않은 벽면 주변에서 노킹(knocking)이 발생할 수도 있다. 그래서 한 기통의 부피는 500cc 정도로 수렴될 수밖에 없다.

rpm이 높아지면 더 빠른 시간 안에 폭발을 마쳐야 하지만, 유속이 빨라지면서 화염 전파 속도도 빨라진다. 다만 같은 부피에서도 실린더의 가로세로 비율은 엔진의 용도에 따라 변한다. F1 경주차처럼 고속 주행이 많은 엔진은 엔진 보어의 크기를 키우고 스트로크를 줄여서, 폭발하는 힘을 더 잘 전달할 수 있도록 설계된다.

내연기관의 4행정 과정

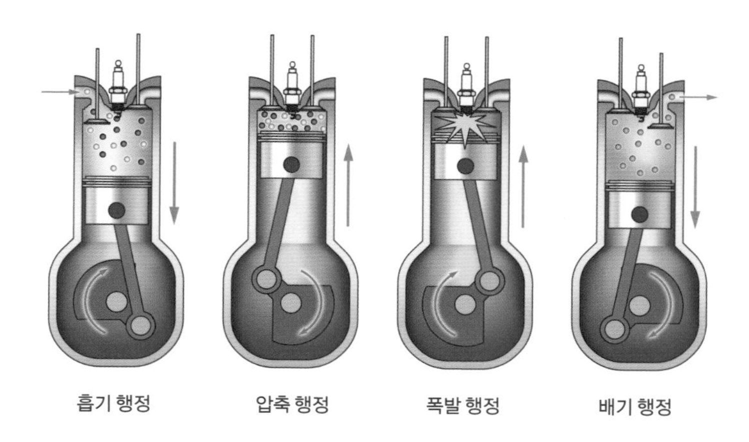

흡기/압축/폭발/배기로 이어지는 일반적인 4행정 과정을 보여준다.

보어 스트로크 형태에 따른 엔진 분류

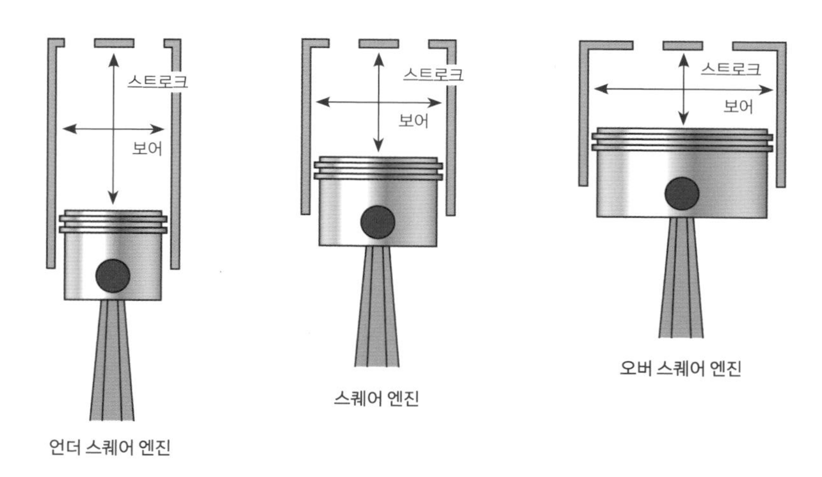

스트로크가 짧은 엔진은 고속 고출력의 경주용 차량에 쓰이고, 롱 스트로크 엔진은 선박처럼 토크를 중시하는 엔진에 쓰인다.

1-03

가솔린 엔진의 특성과 연비

공기와 연료의 비율을 1대1로 꼭 맞춰야 해서 손해를 본다

가장 대중적인 가솔린 엔진은 공기와 연료를 미리 섞은 상태에서 스파크 플러그로 불꽃을 일으켜 연소한다. 외기온도에 상관없이 연소가 안정적이고, 소음이 적으며, 반응성도 좋아서 승용차에 널리 쓰인다.

가솔린 엔진은 연소 과정에서 발생하는 배기가스를 엔진 배기관 상부에 위치한 삼원 촉매를 통해 정화한다. 촉매는 연소실의 고온고압 조건에서 만들어지는 산화질소(HO)와 이산화질소 같은 질소산화물에서 산소를 떼어, 산소가 부족한 산화수소와 일산화탄소를 이산화탄소로 산화한다. 이 교환 작업을 하려면 공기와 연료가 항상 이상적인 비율을 유지해야 한다.

공연비를 유지해야 하므로 가솔린 엔진은 최대 출력이 아닐 때는 항상 스로틀 밸브를 통해 실린더에 들어오는 공기를 제어한다. 이때 공기를 진공에 가까운 상태에서 빨아들이는 만큼 엔진 효율은 감소한다.

연료와 공기의 비율을 이상적으로 유지해 준다고 해도 모든 연료가 공기와 다 반응할 수 있는 것은 아니다. 항상 공기가 더 많은 디젤 엔진에 비해 가솔린 엔진은 2% 정도의 연료가 불완전 연소를 하고, 촉매에서 나머지 반응을 해서 연료가 조금 더 필요하다.

제일 불리한 것은 노킹이다. 내연기관의 효율은 압축비가 높을수록 좋아진다. 그런데 가솔린 엔진은 압축비가 너무 높으면 스파크 플러그로부터 화염이 전파되기 전에 스스로 연료가 폭발하면서 엔진 벽면을 훼손하는 노킹이 발생할 위험이 커진다. 디젤 엔진의 압축비가 15 이상인 반면, 가솔린 엔진은 10 내외다. 이 때문에 연료가 가진 에너지를 100이라고 할 때, 디젤 엔진은 35%를 활용하는 반면 가솔린은 25% 정도로 효율이 제한된다.

가솔린 엔진의 특징

장점	단점
우수한 승차감	낮은 연비
높은 출력	잦은 점화 장치의 고장
상대적으로 낮은 제조 비용	대형 기관에 부적합
작은 크기와 손쉬운 작동 및 관리	

펌핑으로 잃어버리는 에너지

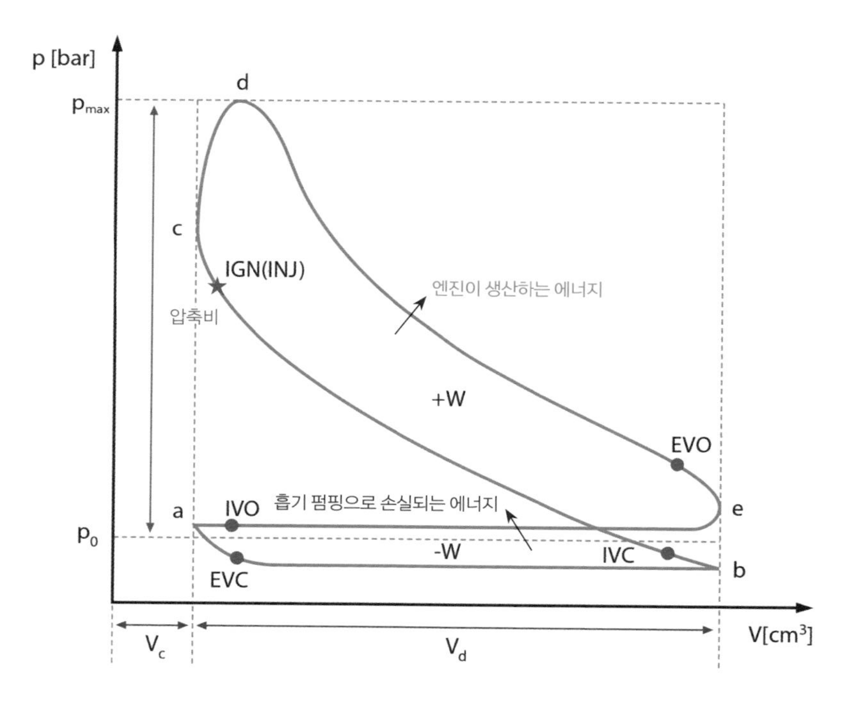

가솔린 엔진에는 펌핑 로스가 필연적이다.

1-04

가솔린 엔진의 약점을 극복한 밀러 사이클 엔진

구조를 바꿔서 효율을 되찾다

가솔린 엔진이 한 사이클을 도는 동안에 효율을 잃어버리는 이유는 크게 세 가지다. ① 진공 상태에서 공기를 빨아들이는 펌핑, ② 피스톤으로 공기를 압축하는 일, ③ 노킹이 일어날 수 있어서 가장 효율이 좋은 점화 시기보다 더 늦은 시점에 연소를 시작해야 하는 점 등이다.

1993년 마쓰다에서 처음 선을 보인 밀러 사이클 엔진은 이 세 가지 약점을 과급기와 흡기 밸브가 닫히는 타이밍을 조절하는 것으로 해결했다. 일단 공기를 흡기관 내에서 과급기로 필요한 공기의 1.5배로 압축한다. 그 상태에서 흡기를 하니 굳이 진공 상태에서 빨아들일 필요가 없어 펌핑 손실이 줄어들었다.

보통 가솔린 엔진은 흡기 행정이 끝나면 흡기 밸브를 닫고 압축 과정으로 넘어간다. 그러나 밀러 사이클 엔진은 5분의 1 지점까지 밸브를 열어둔 상태로 진행해서 압축 없이 진행한다. 남은 5분의 4에 해당하는 행정에서는 밸브를 닫고 압축하지만, 그만큼 과정이 줄어들고 최대 압축 압도 낮아서 압축 행정에 드는 에너지를 아낄 수 있다.

연소를 시작하는 시점의 온도와 압력이 낮은 점도 노킹이 발생할 위험을 줄여준다. 그래서 점화 시기를 가장 효율이 좋은 MBT(Maximum Brake torque Timing)에 맞춰 튜닝할 수 있어서 그만큼 효율이 올라간다. 일반적으로 밀러 사이클 엔진은 동급의 일반 엔진에 비해 10~15% 정도 연비가 좋다고 알려져 있다.

대신 과급기가 붙고, 실린더로 들어온 연료와 공기가 다시 역류하는 과정에서 공기량을 제어하는 일이 훨씬 복잡하기에 배기가스 규제에 대응하는 일이 더 어렵다는 단점이 있다. 그러나 가변 밸브 타이밍 기술이 발전하면서 아우디를 비롯한 많은 차에 적용되고 있다.

마쓰다 2.3 V6 Milenia

일본 마쓰다가 개발한 최초의 밀러 사이클 엔진, Mazda 2.3 V6 Milenia

밀러 사이클의 원리

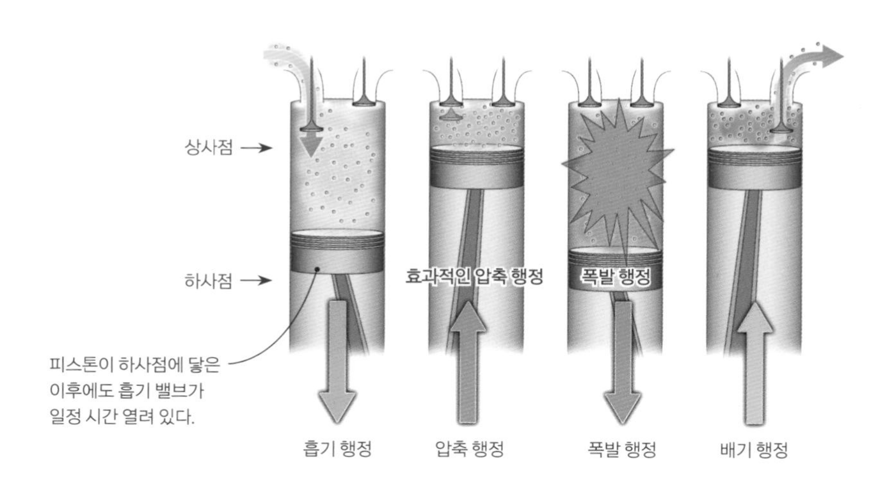

압축 행정에서 흡기 밸브를 열어놓는 특징이 있다. 실린더 안으로 들어간 혼합기가 다시 흡기 밸브로 돌아가기 때문에 연료가 절약된다.

앳킨스 사이클 엔진의 구조

밸브 타이밍 제어 기술의 발달로 하이브리드 엔진의 대명사가 되다

가솔린 엔진의 효율을 개선하려는 노력은 오래전부터 있었다. 흡기/압축/폭발/배기의 4행정을 거치는 동안 폭발을 제외한 다른 구간에서는 피스톤을 더 많이 움직일수록 에너지를 잃을 수밖에 없다. 이런 단점을 보완하기 위해 1888년 영국의 제임스 앳킨스는 새로운 형태의 엔진을 제시했다.

피스톤과 동력을 전달하는 크랭크축 사이에 3점 링크를 달아서 흡기와 압축 행정의 스트로크를 짧게 하고, 폭발과 배기는 길어지게 한 것이다. 이렇게 하면 흡기와 압축 행정에서 발생하는 손해를 최소화할 수 있을 것으로 예상했다.

하지만 엔진 구조가 너무 복잡해서 문제였다. 동력 전달이 여러 단계를 거치면서 전달 효율이 오히려 떨어지고, 고속 주행에도 적합하지 않았다. 결국 앳킨스 사이클 엔진은 개념만 존재할 뿐 실용화되지는 못했다.

앳킨스라는 이름이 다시 세상에 널리 알려진 것은 토요타가 1997년 프리우스 하이브리드를 출시하면서다. 프리우스의 엔진은 앳킨스 사이클의 개념을 밸브 타이밍 제어 기술로 실현한 것이었다.

토요타의 앳킨스 엔진은 연비 개선에 초점을 맞춰 밸브 타이밍으로 압축과 폭발의 비를 달리하고, 노킹이 덜 발생하는 장점을 활용해서 전체적인 엔진의 압축비를 더 높이 가져갔다. 이러면 낮은 rpm에서의 제어가 힘들고 최고 출력도 제한되지만, 하이브리드 차량이라면 모터가 보완할 수 있기에 큰 문제가 되지 않는다.

앳킨스 엔진이라고 하지만 정확히는 앳킨스 사이클의 개념을 구현한 밀러 사이클 엔진이다. 지금은 토요타뿐 아니라 혼다, 포드, 현대기아, 벤츠 등 자동차 제조사 대부분이 하이브리드 차량을 만들 때 유사한 개념의 엔진을 적용한다.

초기 앳킨스 엔진의 구조와 원리

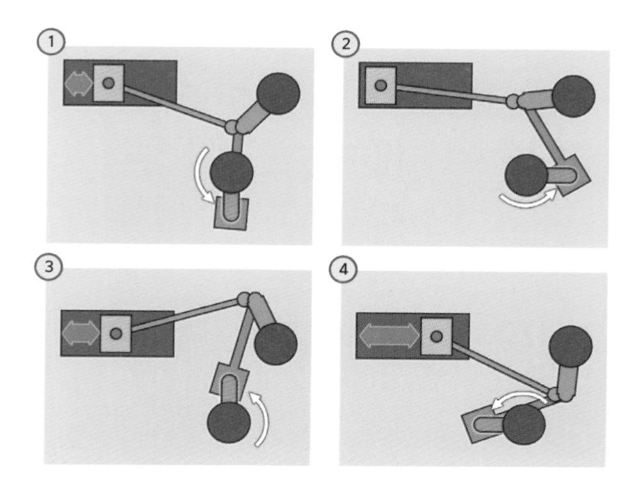

흡기와 압축 행정에서 발생하는 손해를 최소화한다. (참고 : curbsideclassic.com)

토요타 프리우스 1세대

프리우스는 상업적 성공을 처음 거둔 하이브리드 차량으로 유명하다.

한 번에 강하게 폭발하는 디젤 엔진

친환경 엔진의 대명사에서 규제의 대상으로

2015년 폭스바겐 디젤 게이트가 터지기 전까지만 해도 디젤 엔진은 친환경에 안성맞춤이라고 주목받았다. 불꽃을 일으켜 폭발을 일으키는 가솔린 엔진과 달리 디젤 엔진은 연료와 공기를 강하게 압축해 폭발을 일으킨다. 엔진의 압축비가 가솔린 엔진보다 높게 설계된 것은 이 때문이다.

압축비가 클수록 연소로 발생시킨 에너지가 운동에너지로 전달되는 효율이 좋아진다. 폭발이 한순간에 일어나기 때문에 에너지를 다른 쪽으로 뺏기는 열 손실이 적고, 피스톤을 밀어주는 스트로크도 길다.

또한 디젤 엔진이 연료보다 공기가 많은 상태에서 연료를 직접 분사해서 연소시키는 것도 연비 개선에 도움을 준다. 남자 100명과 여자 100명이 서로 소개팅을 하면 대부분 쌍이 돼도, 서로 엮이지 않는 5명은 있기 마련인데, 여자 100명에 남자가 150명이라면 여자 입장에서 짝을 이룰 수 있는 확률이 더 높아진다. 남자를 공기, 여자를 연료라고 생각해 보면, 공기가 더 많은 린(lean)한 조건에서 연료당 연소 효율은 더 높을 수밖에 없다.

마지막으로 공기량을 제어할 필요가 없어서 스로틀 밸브를 통해 부압을 만들 필요가 없다는 장점도 있다. 흡기 과정에서 펌핑으로 손실되는 에너지가 없다는 의미다. 비슷한 힘을 내는 2.0L GDI 엔진과 1.6L 디젤 엔진의 연비는 보통 30~40% 차이가 난다.

그러나 연소 시에 발생하는 질소산화물과 미세먼지(PM)를 촉매만으로 정화하기는 쉽지 않다. SCR이나 DPF와 같은 후처리 장치가 필수가 되면서 규제가 강화될수록 디젤 엔진은 점점 복잡해지고 비싸졌다. 후처리 장치가 작동하는 데 연료가 부가적으로 필요해서 연비의 장점도 사라지고 있다. 지금은 큰 힘이 필요한 SUV나 상용차에서만 주로 쓴다.

디젤 후처리 시스템

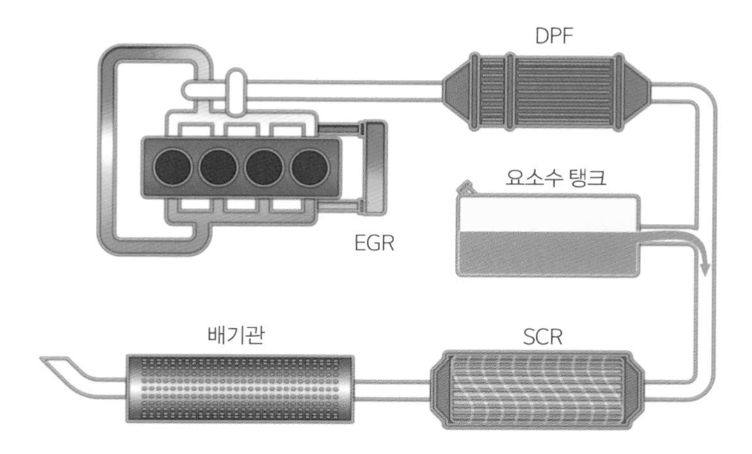

EGR, DPF, SCR 모두 연비에는 손해다. (참고 : 〈상용차신문〉)

디젤 자동차 판매 비중

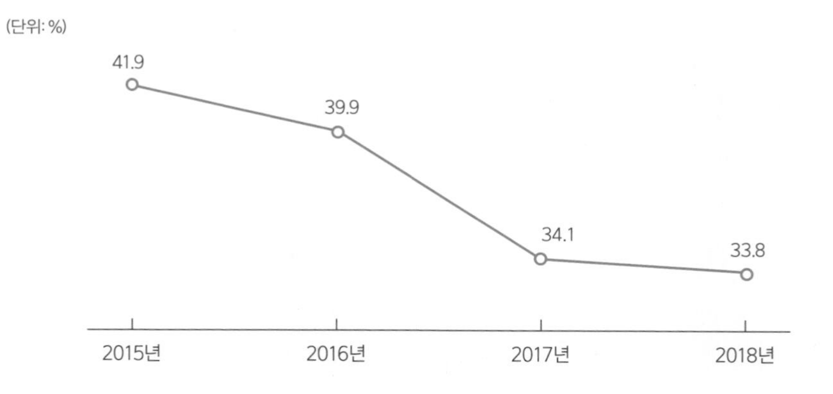

디젤 차량의 판매가 지속해서 감소하고 있다. (출처 : 한국자동차산업협회)

1-07

유지비가 적게 드는 LPG 엔진

발생하는 열량이 낮지만, 가격도 낮다

석유나 천연가스가 나지 않는 우리나라는 원유를 수입해서 정제해 사용한다. 원유에는 가솔린, 경유, 등유 등 다양한 연료가 혼재돼 있는데, 그중에서 나오는 가스류가 부탄/프로판으로 구성된 LPG 연료다.

원유로부터 필요한 만큼의 가솔린과 경유를 생산하고 나면, 일정량의 가스가 나오기 마련이다. 이 가스를 어떻게 재고 없이 처리하느냐는 정유 업계와 정부의 큰 숙제다. 예전에는 가정용 프로판 가스로 소진했지만, 도시가스가 보편화된 요즘은 많은 양을 차량으로 소비할 수 있도록 각종 지원 제도를 펼치고 있다. 다른 유종에 비해 세금이 덜 붙어서 저렴하지만, 택시나 버스 등 대중교통 수단과 장애인용 차량 소유자만 이용할 수 있었다. 그러다 프로판 가스를 처치하기 어려워지자 2019년부터는 일반인도 사용할 수 있도록 법을 바꿨다.

LPG 엔진의 효율은 가솔린 엔진과 비슷하다. 액체 상태로 분사하는 LPLi 기술이 보편화되면서 예전 같은 엔진 떨림이 많이 줄었고, 최고 출력도 좋아졌다. 다만 프로판과 부탄 모두 분자 구조가 단순하기에 같은 부피의 연료를 태울 때 나올 수 있는 열량 자체가 가솔린 대비 70% 수준에 불과하다. 연비도 그만큼 낮을 수밖에 없다.

다만, 저렴한 유류비를 생각하면 유지비는 오히려 저렴할 수 있다. 실린더 안에서 빠르게 기화되고 잘 섞여서 일산화탄소나 미세먼지 같은 유해 물질 발생이 월등히 적다는 점도 장점이다. 일반적으로 LPG는 부탄 100%이나 겨울철에는 시동을 잘 걸기 위해 프로판을 30% 섞어준다. 이 탓에 겨울철 연비가 조금 더 낮아지는 경향이 있으나 큰 차이는 없다.

LPG 액상 분사 시스템

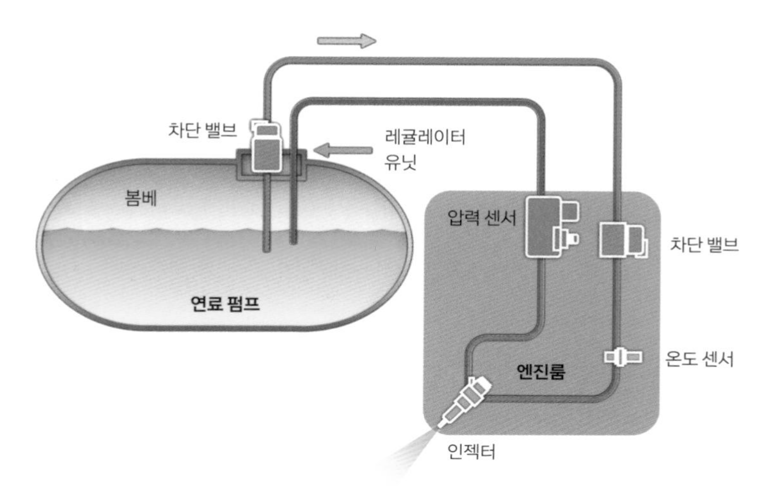

LPG 차량의 경우, 연비가 낮지만 연료비가 저렴하다. (참고 : CarInc.com)

르노코리아 QM6 모델의 연비 비교

	2.0 GDe 2WD PREMIERE	2.0 LPe 2WD LE
엔진 형식	가솔린 직분사	LPG 액상분사
배기량	1,997cc	1,998cc
최고 출력	144ps/6,000rpm	140ps/6,000rpm
최대 토크	20.4kg·m/4,400rpm	19.7kg·m/3,700rpm
복합 연비	11.6km/L	8.9km/L
도심	10.6km/L	8.1km/L
고속도로	13.1km/L	10.2km/L

(출처 : 르노코리아자동차 홈페이지)

유가가 오르면 생각나는 바이오 연료 엔진

식물에서 얻은 연료로 지구를 살리고, 연료 안보도 확보한다

몇십 년 뒤면 석유가 고갈된다는 이야기는 늘 있었다. 그러나 원유 채취 기술의 발달로 여전히 우리는 석유를 이용해서 난방을 하고 이동도 하고 있다. 최근에는 암석에 스며들어 있는 셰일 가스도 사용할 수 있게 되면서 인류가 활용할 수 있는 원유의 범위가 훨씬 더 넓어졌다.

그렇다고 대체 연료 개발이 멈춘 것은 아니다. 식물을 이용해 생산한 바이오 연료를 자동차 엔진에도 적용하는 연구는 계속되고 있다. 대표적인 예가 가솔린 엔진용으로 쓰이는 바이오 에탄올과 바이오 디젤이다. 바이오 에탄올은 옥수수나 사탕수수로 만들고, 바이오 디젤은 콩이나 유채꽃, 팜 등 식물성 기름으로 만든다.

가솔린을 대체하는 바이오 에탄올은 가솔린에 비해 단위 부피당 에너지가 70% 수준밖에 되지 않아 연비가 떨어지지만, 옥탄가를 높여서 노킹을 방지하는 효과가 있다. 보통은 가솔린과 85 : 15 비율까지는 일반 가솔린 엔진에서 사용할 수 있지만, 남미에 수출하는 차량에는 바이오 연료가 85% 섞여 있는 E85 규격에 맞춰 인젝터를 개선하고 튜닝을 따로 해서 판매한다.

바이오 디젤은 일반 디젤과 성분이 아주 유사하다. 에너지 비율도 5% 정도밖에 차이가 나지 않고 연소도 안정적이다. 재생에너지 활용을 위해 2021년부터는 일반 디젤에 3%의 바이오 디젤을 섞어 파는 것을 의무화하고 있다.

바이오 연료들은 가격도 저렴하지만, 온실가스 저감과 국가 에너지 안보를 위해 꼭 필요하다. 다만 점도, 동점도, 휘발성 같은 물성치가 일반 연료와 달라서 고압 분사 인젝터의 내구성에 문제가 생길 수 있다. 그리고 쉽게 기화되지 않아 저온에서의 시동과 엔진 오일에 희석되는 문제가 생기기도 한다. 이를 해결하려고 첨가제 및 바이오 연료 전용 엔진을 활발히 개발하고 있다.

바이오 에탄올 제조 공정

(참고 : 한국바이오에너지협회)

바이오 연료를 파는 주유기의 모습

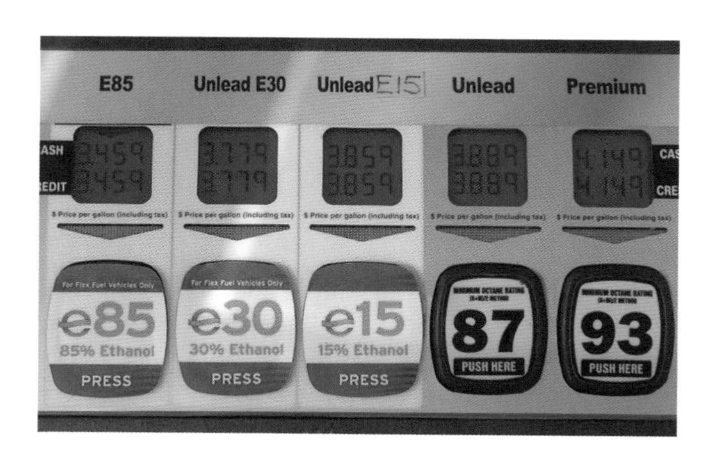

E85는 바이오 연료가 85% 섞여 있음을 의미한다.

Column

연비와 총 보유비용의 관계

연비를 개선하는 데는 새로운 기술이 필요하다. 대표적인 예가 하이브리드 차량이다. 혼종이라는 의미의 이 차량에는 내연기관 차량과 전기차의 DNA가 다 들어가 있다. 일반 차량과 달리 모터와 배터리가 달리고, 두 동력을 이어주는 트랜스미션도 훨씬 복잡하다. 엔진이 작동하지 않는 동안에도 브레이크와 에어컨 같은 차량 장치들을 작동하기 위한 부가적인 요소도 필요하다.

제조사 입장에서는 원가가 더 들 수밖에 없다. 보통 중형차 기준으로 하이브리드 차량이 400만 원 이상 더 든다. 이상하게도 시장에서는 그보다 낮은 가격 차이를 보인다. 대표적인 국민차인 소나타 기준으로 가솔린 2.0 중형차 가격이 연비 13 수준에 2,700만 원인데, 같은 급의 하이브리드는 연비 19에 가격이 3,000만 원이다. 보통 출시가의 차이가 300만 원 정도다.

출시가가 이렇게 결정된 이유는 소비자가 최종적으로 지불해야 하는 비용(TCO. Total Cost of Ownership)이 비슷해야 같은 기종 내에서 경쟁력이 있기 때문이다. TCO는 공인 연비대로 주행했을 때의 유지비를 시뮬레이션해서 구한다.

일반적으로 사람들이 차를 바꾸는 주기를 5년으로 가정해 보자. 그리고 1년 주행거리는 1만 km 정도, 기름값은 1,700원이라고 가정한 뒤에 소나타 가솔린과 하이브리드의 총 유류비를 비교해 보자. 5만 km 기준으로 유류비 차이는 206만 원이다. 출시가가 300만 원 정도 차이 나니까 5년간 하이브리드 차량을 운행하면 추가 지불한 비용을 회수할 수 있다는 뜻이다. 더 많이 탈수록, 더 오래 탈수록 이득이다. 신차를 구매할 때, 차를 얼마 후에 바꿀 것이며 연평균 주행거리는 얼마나 될지 고려하면 더 경제적인 선택을 할 수 있다.

2장

변속기를 이해하면 연비가 보인다

2-01

기본에 충실한 수동 변속기

불편하지만 버리는 에너지가 적다

자동차는 엔진이 만든 에너지를 이용해 앞으로 나아가지만, 실제 차가 움직이려면 엔진이 만든 동력을 바퀴로 전달해야 한다. 여기서 현실적인 문제가 발생한다. 엔진을 무작정 빨리 돌릴 수는 없고, 차가 잠시 정차하거나 멈춰도 엔진은 다음 출발을 위해 계속 시동이 걸려 있어야 한다. 이 문제를 해결하기 위해 변속기가 등장했다. 차속에 관계없이 엔진이 가장 효율적인 회전 속도를 유지하려면 바퀴와 엔진 사이에서 그 비율을 조율해야 하는데, 이 문제도 변속기가 해결한다.

변속기 중 가장 기본이라 할 수 있는 수동 변속기는 엔진과 바퀴 사이에서 다양한 비율의 기어들을 연결해 동력을 전달한다. 기계적으로 기어에 맞물려 있으므로 손실이 전혀 없다. 다만 차속에 따라 다른 기어로 바꿀 때 운전자가 직접 액셀에서 일단 발을 떼고, 클러치를 밟아 엔진과 기어를 분리한 후에 레버를 조작해 원하는 기어로 옮기는 동작을 수행해야 한다.

동력 전달 효율이 높아서 연비가 뛰어나고, 변속되는 시점도 운전자가 직접 정할 수 있다는 장점이 있지만, 클러치 조작이 익숙하지 않은 사람에게는 조작이 어려운 면이 있다. 특히 언덕길에서 다시 출발할 때는 차가 뒤로 밀릴 수 있고, 막히는 도로에서는 계속 클러치 조작을 반복해야 해서 불편하고 운전에 피로감을 느낄 수 있다.

자동 변속기에 대비해서 100만 원 이상 저렴하고, 15% 이상 연비도 좋아서인지 유럽에서는 여전히 40% 정도의 비율로 수동 변속기 옵션이 판매되고 있다. 그러나 우리나라는 사정이 다르다. 2020년 기준으로 신차 중 수동 변속기 비율은 0.5% 수준이며, 상용차와 레이싱용 차량의 극히 일부를 제외하고는 판매 자체가 되지 않는다.

수동 변속기의 내부 구조

단수에 따라 다양한 기어들이 맞물려 있다.

수동 변속기의 작동 구조

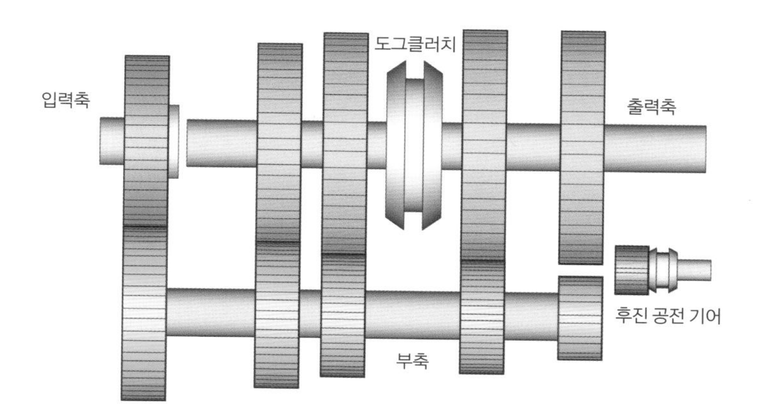

여러 기어가 맞물려 작동하는 모습을 모식화했다.
(참고 : 아오야마 모토오, 《자동차 구조 교과서》. QR코드 : 수동 변속기 작동 모습, 유튜브 채널 Lesics)

2-02

편안한 운전을 위한 선택, 자동 변속기

엔진과 바퀴 사이를 부드럽게 이어주지만 에너지 손실이 크다

수동 변속기와 다르게 자동 변속기는 운전 편의성에 초점을 맞췄다. 클러치를 밟고 레버를 옮기는 동작을 운전자가 할 필요 없이 변속 패턴에 맞춰 알아서 해준다. 이를 위해 자동 변속기는 수동 변속기보다 구조가 훨씬 복잡하며 별도의 제어장치도 있다.

변속을 위해서는 엔진과 바퀴 사이를 클러치처럼 잠시 끊어주는 작업이 필요한데, 이를 위해서 토크 컨버터라는 장치를 이용한다. 마치 선풍기 2대가 마주한 구조인데, 두 날개 사이에서 동력을 전달하는 유체의 압력을 조절해 자연스럽게 동력 전달이 끊어지고 다시 연결되는 동작을 가능케한다.

기어 단수를 조작하는 것도 운전자가 물리적으로 직접 레버를 조작하지 않고, 유성기어라는 복잡한 복합 기어를 이용한다. 변속기 제어장치인 TCU(Transmission Control Unit)가 유성기어에서 헛도는 축과 힘을 실제로 전달받는 축을 조절한다. 그러면 엔진으로부터 직접 동력을 받는 가운데 축의 선기어(sun gear) 2종류와 최종적으로 바퀴로 동력을 전달되는 바깥 링기어, 그리고 그 사이에 있는 플래닛 기어들의 조합으로 운전에 적합한 기어비를 설정할 수 있다.

자동 변속기는 수동 변속기에 비해서 아무래도 전달 효율이 떨어지고 반응도 느리다. 연비도 수동 변속기와 비교하면 10~15% 정도 더 불리하다. 하지만 일상 주행 중에 시동을 꺼뜨릴 위험이 없고, 막히는 도로에서 계속 클러치를 뗐다 밟았다 할 필요도 없다. 예전에는 4~5단 변속기가 일반적이었으나, 요즘은 부드러운 주행과 연비 개선을 위해 8~10단까지 단수를 늘렸다. 덕분에 높은 차속에서도 엔진 rpm을 낮게 유지할 수 있다.

자동 변속기의 구조

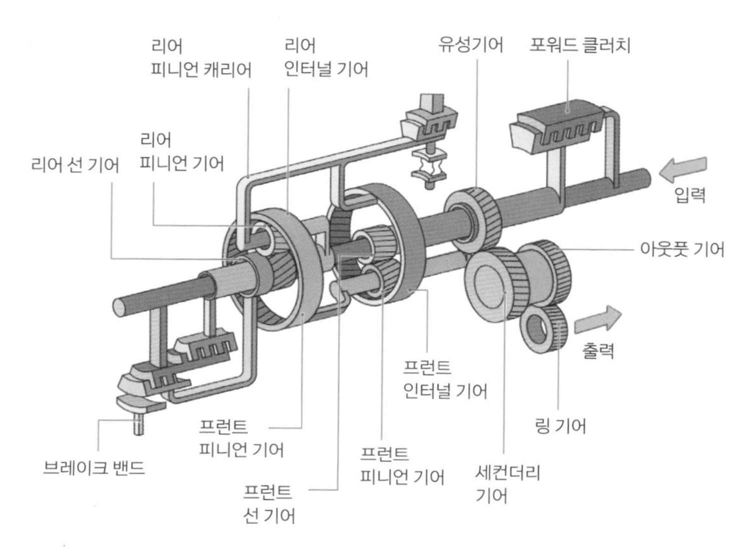

토크 컨버터 또는 클러치를 사용해 기어비를 자동으로 바꾼다. (참고 : 아오야마 모토오, 《자동차 구조 교과서》)

유성기어의 모습

자동 변속기에서 유성기어는 다양한 기어비를 만들어준다.

2-03

연비를 잡은 자동 변속기, DCT

수동 변속기의 장점을 최대로 살리다

자동 변속기는 토크 컨버터라는 비접촉 동력 전달 방식을 사용하기 때문에 수동 변속기에 비해 효율이 떨어질 수밖에 없다. 자동 변속기의 장점은 살리면서도 수동 변속기의 좋은 효율도 놓치지 않기 위해 듀얼 클러치 변속기(DCT. Dual Clutch Transmission)가 탄생했다.

DCT는 수동 변속기를 기반으로 클러치 조작 및 단수 변경을 자동으로 해준다. 수동 변속기의 경우 운전자는 먼저 액셀에서 발을 떼고 클러치를 밟아 바퀴와 엔진을 분리한다. 그다음, 원하는 단수로 레버를 조작하고 액셀을 밟아 엔진 쪽 회전축을 바퀴의 회전축과 비슷한 수준으로 올려준 후 클러치를 뗀다. 그러면 다음 단수로 부드럽게 이동하는 것이다.

여기서 요점은 클러치를 다시 붙일 때 엔진 쪽과 바퀴 쪽의 회전수가 미리 맞춰져 있어야 한다는 것이다. 이를 위해 DCT는 홀수 단과 짝수 단의 기어축을 동시에 두고, 각각의 축에 클러치를 달았다. 이 덕분에 동력을 전달하지 않아도 미리 회전수를 맞추는 작업이 가능하다.

DCT는 수동 변속기만큼 연비가 좋다. 게다가 자동 변속기처럼 클러치 조작이 필요 없고, 언덕길에서도 미끄러지지 않는다. 다만 저속에서 가다 서기를 반복하면 잦은 클러치 조작으로 부드러운 주행이 어렵다. 수동 변속기에서 반클러치를 오래 사용하면 내구성에 문제가 발생하듯, DCT에서도 클러치 내구성이 가장 큰 숙제다.

DCT는 클러치의 특성에 따라 건식과 습식으로 나뉜다. 오일이 아닌 공기로 냉각하는 건식은 마찰이 적어 효율이 더 높지만, 내구성이 떨어지며 변속 충격이 커서 우리나라에서 쓰는 DCT는 대부분 습식이다. 유럽에서 수입된 폭스바겐과 르노에 건식이 많은데, 이산화탄소 저감이 당면 과제가 되면서 최근에는 국산차에도 건식이 여러 차종에 적용됐다.

게트락 DCT의 구조도

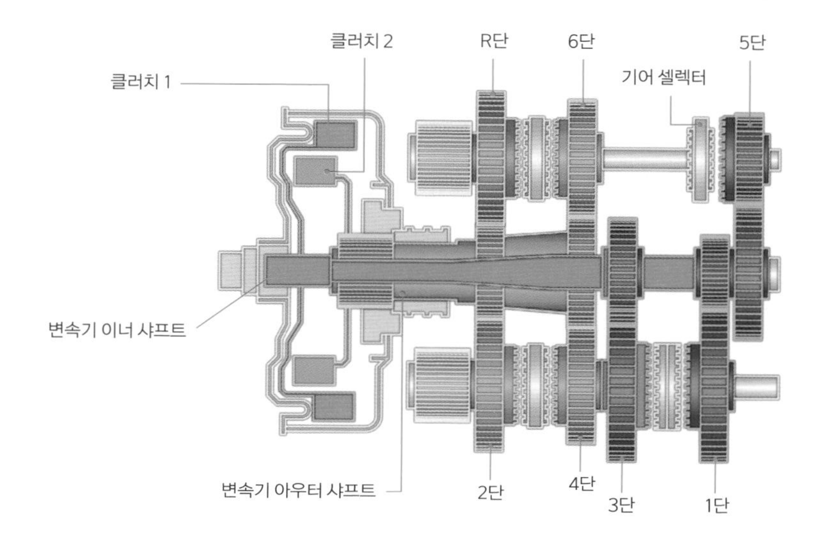

DCT는 자동 변속기와 수동 변속기의 장점을 모두 노린다. (참고 : 게트락 홈페이지)

DCT의 작동 원리

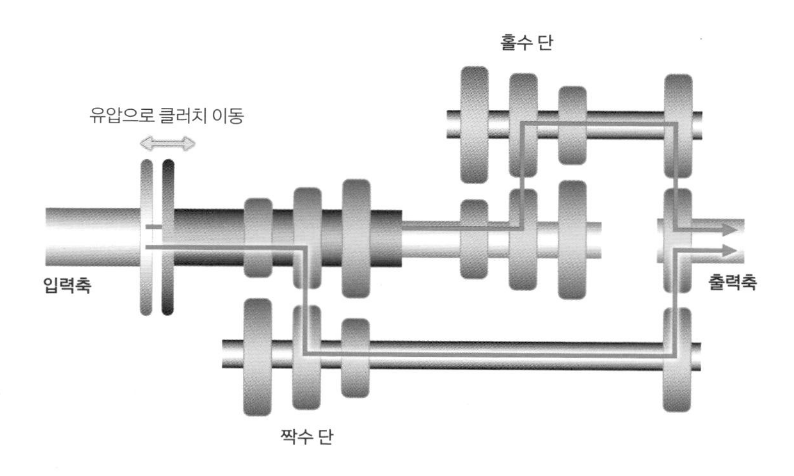

수동 변속기가 기본이지만 클러치 조작 및 단수 변경을 제어장치가 자동으로 해준다. (참고 : DAKI POINT 자료)

2-04

무단 변속기, 고무벨트와 풀리로 단수를 없애다

진정한 고수는 몇 단인지 따지지 않는다

변속기의 주된 목적은 차속과 엔진 rpm 사이에서 적절한 비를 유지하는 것이다. 일반적인 기어는 톱니의 수가 정해져 있으므로 차속이 증가할수록 더 작은 기어로 바꿀 수밖에 없다. 빠르게 회전하고 있는 상황에서 클러치로 동력을 끊고 기어를 바꾸고 연결하는 모든 과정이 사실 연비 입장에서는 낭비다.

만약 기어의 비가 가변적이라면 굳이 변속할 필요가 없다. 무단 변속기(CVT. Continuously Variable Transmission)는 고무벨트와 풀리(pulley) 2개로 연결된 형태인데, 풀리의 직경을 바꿔서 굳이 단수를 변경하지 않고도 차속에 맞는 감속비를 조절할 수 있다.

CVT는 기어비를 직접 바꿔주기 때문에 동력을 끊거나 붙일 필요가 없어 변속을 할 때 충격이 적다. 완만한 가속 시에는 동력 전달이 계속 유지되기 때문에 가속 성능도 나쁘지 않다. 그리고 풀리 지름만 조절하면 엔진 rpm을 제일 효율이 좋은 영역으로 계속 유지할 수 있어 연비에도 유리하다.

단점도 있긴 하다. 벨트로 연결되는 구조적 특성상 갑자기 엔진 쪽에 큰 토크가 들어오면 벨트가 미끄러지고 풀리가 헛돌면서 고장이 난다. 초창기 마티즈를 비롯한 초기 CVT 차량에서는 벨트 슬립에 의한 내구성 이슈가 있었다. 이 문제를 해결하기 위해 엔진에서 너무 강한 출력이 나오면 엔진 토크를 줄이는데, 이 때문에 가속 시 반응성은 좋지 않다. 벨트 장력을 유지하기 위한 유압 형성에도 에너지가 든다.

그래서 CVT는 힘이 세고 빠른 엔진과 차량에는 적합하지 않다. 대신 부드러운 시내 주행에서 편안한 승차감이 돋보인다. 다른 자동 변속기에 비해 구조가 단순해서 패키징에 유리하기 때문에 주로 소형차나 크기가 작은 하이브리드 엔진에 많이 적용한다.

닛산 자트코사의 CVT

닛산 소속의 자트코사는 여러 유형의 CVT와 트랜스미션을 생산 중이다. (출처 : jatco.co.kr)

CVT 작동 원리

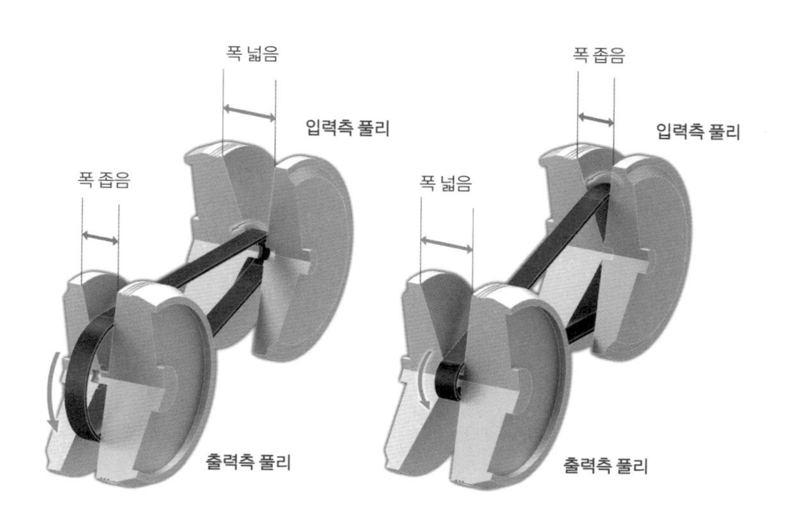

풀리의 직경을 바꿔서 감속비를 조절한다. (참고 : 아오야마 모토오, 《자동차 구조 교과서》)

2-05

기어 변속을 해야 하는 이유

같은 에너지를 내도 어떤 조건이냐에 따라 연비는 달라진다

엔진의 힘을 이야기할 때 토크를 언급하거나 파워를 말한다. 둘 다 엔진의 출력을 가리키지만, 토크는 한 번 회전할 때 내는 말 그대로 힘이고, 파워는 단위 시간 동안 엔진이 내는 총 에너지를 뜻한다. 가파른 언덕을 잘 올라가려면 토크가 좋아야 하고, 최고 속도가 높으려면 파워가 좋아야 한다.

자동차가 정속 주행을 하고 있다면, 어떤 단수로 달리더라도 차 자체가 소비하는 에너지, 즉 파워는 동일하다. 예를 들어 60km/h로 달리는 자동차가 4단에서 2,000rpm으로, 또는 5단에서 1,600rpm으로 달린다고 하자. 이때 동일 시간에 같은 파워를 내려면, 낮은 rpm에서는 토크가 높아야 한다. 한 사이클만 비교하면 5단으로 달릴 때 연료가 더 많이 필요하다.

하지만 연비에 영향을 주는 것은 한 사이클이 아니라 동일한 시간에 소비하는 누적 연료량이다. 4단으로 달리면 rpm이 더 높아서 25% 더 자주 연료를 분사한다. 5단으로 달릴 때 한 사이클 동안 연료가 더 많이 필요하다는 단점은 이 지점에서 상쇄된다. 게다가 회전 속도가 빠를수록 마찰도 늘어난다는 점을 생각해 보자. 저단 주행은 높은 회전수만큼 마찰 에너지를 더 많이 보상해 줘야 한다.

이런 이유로 같은 차속에서 달릴 때는 높은 단수, 즉 낮은 엔진 rpm으로 달릴 때가 무조건 연비가 더 좋다. 대신 치고 나가는 가속력이 필요한 순간에는 rpm을 높여서 엔진에서 차체가 필요한 힘을 바로바로 공급해 줘야 한다. 이런 운전자의 의사를 잘 읽어서 반영하는 것이 자동 변속기 튜닝의 핵심이다.

엔진 토크와 파워 비교

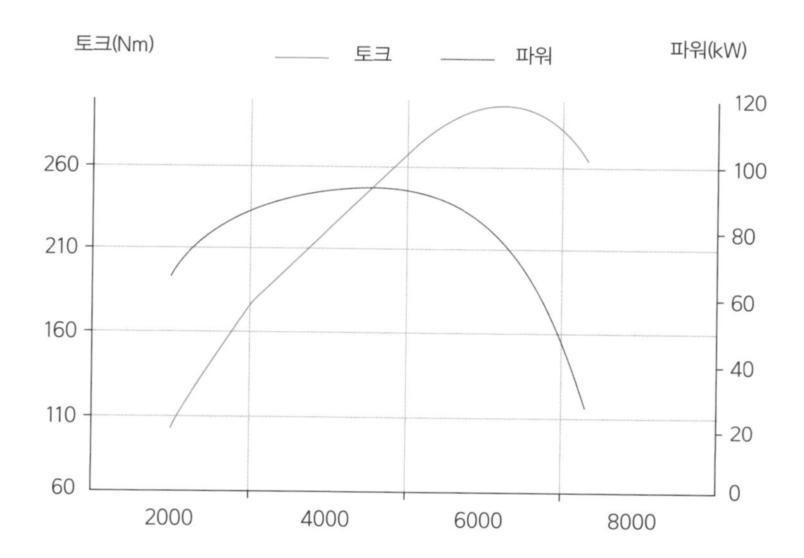

rpm과 손실 에너지

(자동차 출력) ∝ (엔진이 한 사이클에서 내는 동력 전달 토크) × rpm

(엔진이 한 사이클에서 내는 동력 전달 토크) ∝ [(연료에서 만든 에너지) − (마찰로 생긴 손실 에너지)]

➔ rpm이 높을수록 마찰이 커져서 손실 에너지가 커진다.
결국 동일 출력에서 연료가 더 많이 필요하다.

2-06

운전자의 마음을 발끝으로 읽는 변속 패턴

상황에 맞게 엔진의 운전 영역을 알아서 조절한다

수동 변속기 차량을 운전하면, 차속과 엔진 rpm의 관계를 늘 신경 쓰게 된다. 숙련된 운전자라면 가속을 하다가 rpm이 높으면 단수를 하나씩 올리고, 앞으로 치고 나갈 때는 오히려 단수를 낮춘다. 브레이크를 밟아 차속을 줄이고 나면 줄어든 차속에 맞춰 어떤 단수로 낮춰야 하는지를 경험으로 알고 있다.

DCT와 CVT를 포함한 모든 자동 변속기는 운전자 대신 변속기 제어장치(TCU)에 들어가 있는 변속 패턴을 이용해 제어한다. 현재의 차속과 운전자가 액셀을 얼마나 밟았는지를 바탕으로 현재 상황에 적합한 단수를 찾아간다.

같은 차속이라도 액셀을 많이 밟았다는 건 오르막이거나 추월을 위한 가속이 필요한 상황이라는 뜻이니 되도록 낮은 단수를 유지한다. 반면 주행속도가 비교적 낮은 일상적인 시내 주행에서는 연비에 유리하도록 빨리 높은 단수로 올려서 낮은 rpm을 유지하도록 도와준다.

감속할 때는 보통 액셀에서 발을 뗀 상태이므로, 가속할 때보다 더 높은 단수를 최대한 유지해서 엔진 브레이크 때문에 불필요한 감속이 일어나지 않도록 한다. 이 상황에서 재출발하면, 바로 낮은 단수로 변속된다. 이 상황을 변속 패턴 선도상에서 확인하면 그래프가 수직으로 올라가는 패턴으로 나타난다. 이를 킥다운 기능이라고 하는데, 자동차가 바로 민첩하게 반응할 수 있도록 도와준다. 물론 연비에는 좋지 않다.

엔진과 차종에 따라, 또 차의 크기에 따라 주 소비자들의 성향은 다르기에 차마다 변속 패턴도 다를 수밖에 없다. 좋은 가속 성능과 연비라는 두 마리 토끼를 다 잡기 위해서는 상황마다 다른 운전자의 마음을 액셀 페달 정보로 잘 읽어내려는 노력이 필요하다.

일반적인 자동 변속기의 변속 패턴

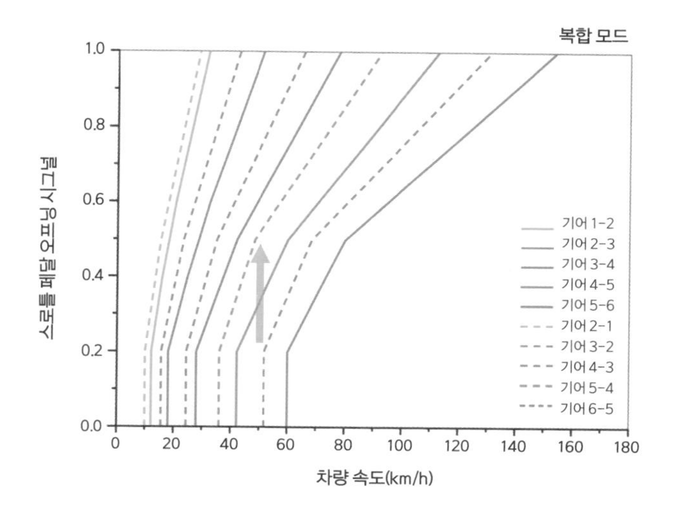

변속기 제어장치가 운전자 대신 변속 패턴을 이용해 제어한다. 화살표는 킥다운을 의미한다. 킥다운은 동일 차속에서 액셀을 밟으면 스로틀이 열리면서 단수를 하나 이상 떨어뜨려 높은 rpm으로 가속하게 도와준다.
(참고 : 테일러 대학 SAE 논문)

운전자가 액셀을 밟는 모습

발끝으로 액셀 페달을 밟는 정도에 따라 운전자의 의도가 전달된다.

2-07

다양한 경험을 할 수 있는 멀티 모드

에코 모드와 스포트 모드를 설정하면 다른 차가 된다

운전자마다 선호하는 운전 성향은 다르다. 빠른 속도로 잘 달리기를 원하는 사람들은 스포츠카를 사서 역동적인 주행을 주로 할 것이고, 유지비가 걱정인 사람은 연비 위주의 주행을 주로 할 것이다. 물론 평소에 얌전한 주행을 하는 사람도 가끔은 빠른 속도로 달리면서 스트레스를 풀고 싶을 때도 있다.

이런 이중적 욕구를 충족시키기 위한 옵션이 멀티 모드다. 버튼 한 번이면 차의 모드가 바뀌는 것이다. 모드가 바뀔 때 가장 큰 변화는 자동 변속기의 변속 패턴이 달라진다는 점이다. 스포트 모드일 때는 변속을 최대한 늦게 해서 높은 rpm을 유지하고, 에코 모드일 때는 최대한 변속을 빠르게 해서 낮은 rpm에서 운전할 수 있도록 유도한다.

변속 패턴 말고도 운전자가 액셀 페달을 밟았을 때 반응을 다르게 하려면 같은 정도로 페달을 밟아도 엔진에서 만들어내는 토크 자체를 다르게 제어하면 된다. 예전에는 액셀 페달과 흡기량을 조절하는 스로틀 밸브가 직접 와이어로 연결돼 있었지만, 지금은 센서로 얼마나 페달을 밟았는지를 측정한 다음, ECU에서 스로틀 밸브를 조작한다. 이 때문에 운전자가 선택한 성향에 맞춰 조절이 가능하다. 동일하게 밟아도 요구하는 토크를 크게 내도록 조절하면 반응이 훨씬 빠르다고 느낄 수 있다. 다만 출발할 때 충격도 더 크다.

이 외에도 스포트 모드에서는 계기판의 색깔을 모두 빨강으로 바꾸고, 엔진 소리를 더 크게 나게 해서 분위기를 바꿀 수도 있다. 자동차 전체로는 차체 서스펜션 높이를 낮추고 서스펜션 강도를 높여서, 빠른 움직임에도 차가 들리거나 출렁거리는 현상을 줄여주면서 더 빠르게 반응할 수 있도록 조절하는 기능도 있다.

스포트 모드와 에코 모드의 대표적인 예

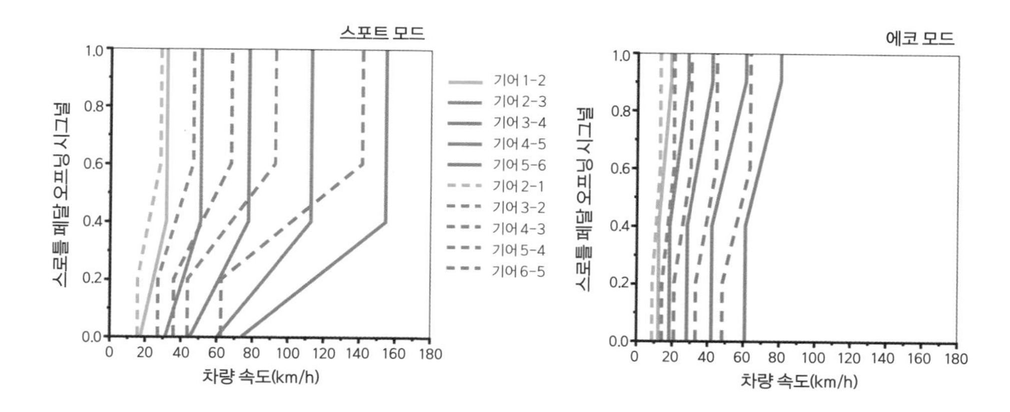

모드가 바뀌면 변속 패턴이 바뀌면서 주행 성격이 달라진다.

드라이버 모드에 따른 액셀 페달 맵

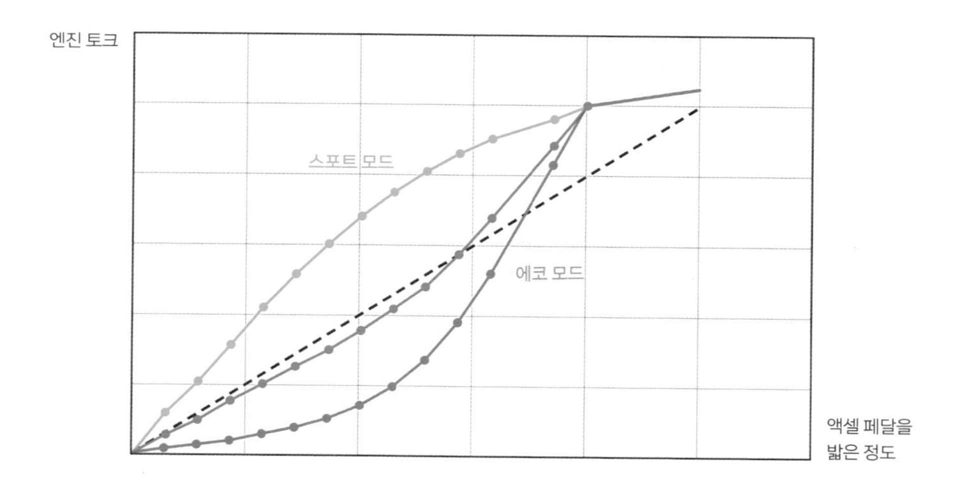

같은 정도로 페달을 밟아도 노멀, 에코, 스포트 모드에 따라 엔진이 내는 토크에 차이가 난다.

2-08

앞뒤 바퀴 모두에 동력을 전달하는 4WD

눈길에서 덜 미끄러지지만 무겁고 복잡해서 연비는 손해다

엔진에서 나온 동력은 변속기를 통해 감속된 이후 바퀴에 배분된다. 일반적인 차량들은 주로 앞바퀴에만 동력을 전달하는 이륜, 2WD(2 Wheel Drive)이지만, 험로를 주행하는 SUV나 고급 차량에서는 뒷바퀴에도 동력을 전달하는 사륜, 4WD가 적용되는 경우가 늘고 있다.

엔진과 멀리 떨어져 있는 뒷바퀴까지 동력을 전달하려면 기존 섀시에 트랜스퍼 케이스와 프로펠러 샤프트를 추가해야 한다. 최근에는 노면 상태에 따라서 트랜스퍼 케이스의 동력 전달 비율을 제어해서 상황에 맞게 앞뒤 바퀴의 동력 배분 비율을 조절한다.

2륜에 비해 4륜은 차량의 접지력과 구동력이 극대화돼 험로 주행에서 필수다. 전자식 조향 제어 시스템인 ESP(Electronic Stablility Program)와 연동되면, 앞뒤 좌우 바퀴의 동력 배분을 함께 조절해서 눈길이나 미끄러운 커브 길에서도 운전자가 원하는 대로 자세를 제어할 수 있다. (ESP는 Vehicle Dynamic Control, 즉 VDC라고도 불린다.) 그래서 갑작스러운 장애물이 출현하는 돌발 상황에서도 안전하게 대처할 수 있는 장점이 있다.

다만, 부품을 추가해야 하기 때문에 공차 중량이 성인 1명 정도만큼 더 무겁다. 동력 전달 과정에서 일어나는 손실까지 고려하면 연비는 7% 이상 나빠진다. 차량 가격도 평균 300만 원 정도 비싸다. 일반도로에서는 4륜을 적용한 효과가 거의 없고 연비만 나빠서, 일반 승용 차량에는 잘 적용하지 않지만, 고급 차량은 사정이 조금 다르다. 승차감을 위해 후륜 구동을 주로 적용하는 고급 차량은 눈길에서 자세 제어가 어려운데, 이 단점을 보완하기 위해 4륜을 많이 적용하고 있다.

현대자동차 SUV 차량 2WD/AWD 연비 비교

모델	엔진	배기량	구동 방식	공차 중량	복합 연비	이산화탄소
산타페	디젤	2.2L	2WD	1,785kg	14.1km/L	135g/km
			AWD	1,850kg	13.1km/L	146g/km
	가솔린 터보	2.5L	2WD	1,740kg	10.5km/L	161g/km
			AWD	1,800kg	9.9km/L	172g/km

(출처 : 현대자동차 홈페이지)

노면 상황에 따른 동력 분배 시스템

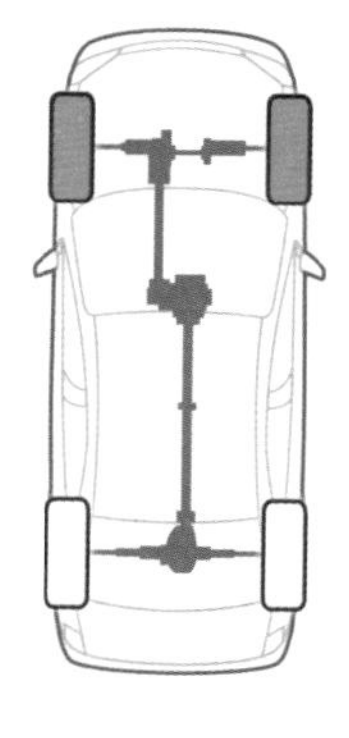

일반 노면에서는 전륜 구동

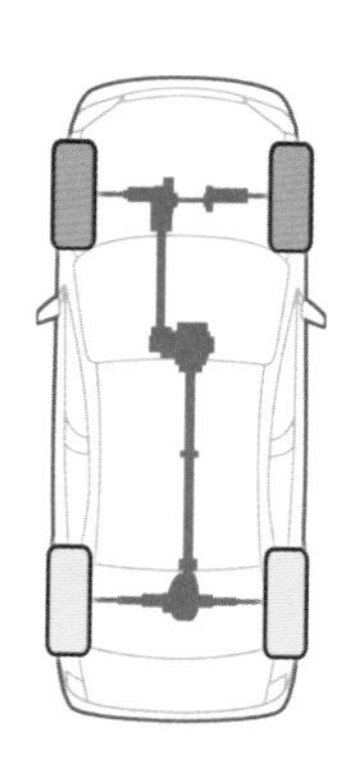

주행 안전성을 위한 전후륜 동력 분배

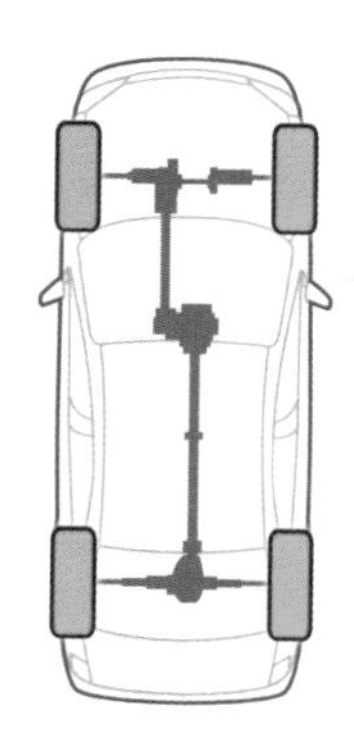

험로에서는 전후륜에 5 : 5로 동력 분배

도로 상태와 운전 조건에 따라 동력 배분이 달라진다. (참고 : KG모빌리티 블로그)

Column

공인 연비를 측정하는 방법

소비자들은 계기판의 주행거리와 주유한 주유량으로 연비를 예측한다. 그러나 계기판의 주행거리와 가득 채운 주유량에는 편차가 있고, 장기간 장거리 주행이 필요하기 때문에 공인 연비를 측정하기에는 부적합하다.

카탈로그에 소개된 공인 연비는 ① 통제된 조건(섭씨 25도, 습도 60%)에서 ② 정해진 모드(FTP-75 복합 모드)를 주행하고 ③ 이때 나오는 배기가스를 분석해서 실제 발생한 이산화탄소량을 기준으로 측정한다.

연비 측정을 위해 주행하는 사이클은 미국환경보호청에서 1970년대 LA 지역의 일반적인 주행 모드를 바탕으로 정한 FTP-75(Federal Test Procedure)를 기본으로 한다. 이 모드에 고속도로(HWFET), 급가감속(US06), 에어컨 작동(SC03), 저온 도심 주행(Cold FTP-75) 등 다섯 가지 형태의 모드를 주행해서 나온 결과치를 가중치에 따라 평균해 검증하고 있다.

모드대로 주행을 하면서 배기가스를 분석하려면 차대 동력계라고 하는 롤러 벤치 위에 차를 설치하고, 화면에 보이는 속도대로 주행해야 한다. 실제 평행한 도로에서 차를 130km/h까지 가속한 후에 그대로 타력 주행했을 때 차속이 줄어드는 상황을 그대로 모사한다. 실제 상황과 동일한 저항이 걸리도록 롤러가 차바퀴를 잡아준다.

사후 인증을 위한 공인 시험은 공정성을 위해 개인 기업이 아닌 정부 산하 공인 연구소에서 한다. 산업통상자원부가 연비를 담당하기 때문에 산하에 있는 에너지기술연구원, 자동차부품연구원, 석유관리원 등이 공인 시험을 진행한다. 일단 시험은 차종별로 3대를 선별해 실시하고, 추가 검증이 필요하면 더 뽑을 수 있다.

3장

고연비를 위한 운전 메커니즘

3-01

고속도로에서는 브레이크를 밟지 말고 달려라

브레이크를 밟을 때마다 에너지가 날아간다

연비를 좋게 유지하려면 어떻게 운전해야 할까. 가장 기본은 브레이크를 최대한 덜 밟는 것이다. 앞으로 달리는 자동차가 지금 내는 속도는 바로 전 단계에서 엔진이 연료를 태워서 만든 에너지다. 브레이크를 밟아서 감속하면 어렵게 연료를 태워서 만든 에너지를 마찰 열에너지로 허공에 날려버리는 것과 같다. 다시 그 속도로 올라가려면 그만큼 또 연료를 태워야 한다.

브레이크를 밟지 않고 어떻게 속도를 줄일 수 있냐고 반문할 수 있지만, 생각보다 자동차는 무겁다. 노면과 직접 닿는 바퀴는 마찰력을 받고, 빠른 속도로 달리면 그만큼 센 바람을 앞에서 맞는다. 엔진이 공기를 빨아들이고 압축하면서 드는 에너지도 만만치 않다. 운전자가 액셀을 밟지 않으면 차는 자연스럽게 감속하기 마련이다.

주변의 다른 차들보다 빠르다면 속도를 줄여야 한다. 도로의 주행 흐름에 따라 일단 불필요한 과속을 피해야 한다. 속도를 괜히 늘려 남들보다 더 빨라지면 결국엔 다른 차들의 속도에 맞춰야 하니 다시 브레이크를 밟을 수밖에 없다.

브레이크를 밟지 않는 자연 감속을 최대한 활용하려면 안전거리를 충분히 확보하는 것이 중요하다. 다른 차와 간격을 둘 때, 한 차 정도 더 여유를 두고 간다. 이러면 웬만한 돌발 상황이 아니고서는 브레이크 밟을 일이 거의 없다. 차가 금방 멈추는 오르막보다 내리막에서 더 여유 있게 둬야 한다.

커브 길로 들어서거나 앞차에 브레이크 등이 들어오면, 차속을 줄여야 한다. 이럴 때는 상황을 인지하자마자 액셀 페달에서 일찍 발을 떼서 관성 주행으로 들어가는 것이 필요하다. 앞차만 보지 말고, 도로 전체의 흐름과 신호를 미리 인지해 두면 불필요한 가속을 피할 수 있고, 그만큼 브레이크 밟을 일도 줄어든다. 가다 서기를 반복하는 시내 도로보다 자동차 전용 도로에서 적극적으로 시도해 볼 수 있다.

안전거리 확보하는 법

고속도로 안전거리

주행속도와 같은 거리만큼 확보한다

80km/h의 속도로 주행 중이라면
안전거리도 80미터를 확보!

※ **차의 속도**와 **도로 상황** 및 **기상 상태** 등에 따라 안전거리는 **달라진다.**

안전거리를 확보해야 브레이크를 적게 밟을 수 있다.

브레이크등과 관성 주행

앞차의 브레이크등이 들어오면, 해당 차량의 속도가 줄어든다는 신호다. 불필요한 가속을 줄이기 위해 당장 가속 페달에서 발을 떼라.

3-02

급가속은 절대 하지 말라

진짜 운전 고수는 부드러운 주행으로 연비까지 챙긴다

운전하다 보면, 차량 흐름 때문에 속도를 높여야 하는 경우가 있다. 가속하려면 액셀 페달을 더 밟아야 하는데, 어떻게 가속하느냐에 따라서 연비에 큰 영향을 준다.

급가속을 피하고 부드럽게 가속해야 한다는 점을 기억하자. 부드럽게 가속하는 가장 큰 이유는 변속기의 변속 패턴 때문이다. 급발진처럼 액셀 페달을 깊게 밟으면 TCU는 운전자가 강한 가속을 원한다고 인식하고 기어비를 낮춘다. 한창 힘이 필요한 때, 그래서 연료가 가장 많이 요구되는 구간에서 기어 단수가 낮고 rpm이 높은 상태로 달린다는 것은 같은 시간 동안에 훨씬 많은 연소 사이클을 돌린다는 의미다. 그만큼 연료를 더 많이 쓸 수밖에 없다.

5단에 60km/h, 1,700rpm 정도로 주행하고 있다가 80km/h로 가속하는 상황을 생각해 보자. 현재의 단수를 유지한 채 부드럽게 액셀을 밟으며 가속하면, 그다음 6단으로 자연스러운 업 시프트(up shift)가 이뤄진다. 반면에 액셀을 깊게 밟으면, 바로 4단으로 다운 시프트(down shift)가 이뤄지면서 시작 rpm이 2,000rpm으로 올라간다. 이후에 80km/h, 2,600rpm까지 쭉 4단 상태에서 가속을 진행한 다음에 액셀에서 발을 떼면, 6단 1,800rpm 상태가 된다. 이처럼 rpm이 높으면 연료가 많이 소비된다. 게다가 기어 시프트도 잦아져서 에너지 손실이 만만치 않다.

급가속은 속도 조절에도 불리하다. 도로 상황은 늘 변하는데, 일단 급하게 차속을 올리면 다시 차량 흐름에 끼어들 때 브레이크를 밟아야 하고, 그만큼 연비에 손해다.

급격한 액셀 조작은 편안한 운전에도 방해가 된다. 자동차에는 운전자의 페달 액션에 반응하는 필터링이 적용돼 있다. 이 덕분에 범퍼카처럼 덜컥이지 않지만, 급하게 가감속하는 차라면 편안할 리가 없다. 운전 실력이 좋은 사람은 부드럽고 편안한 주행을 한다. 이런 주행이 연비에도 유리하다.

급가속과 기어비 변화

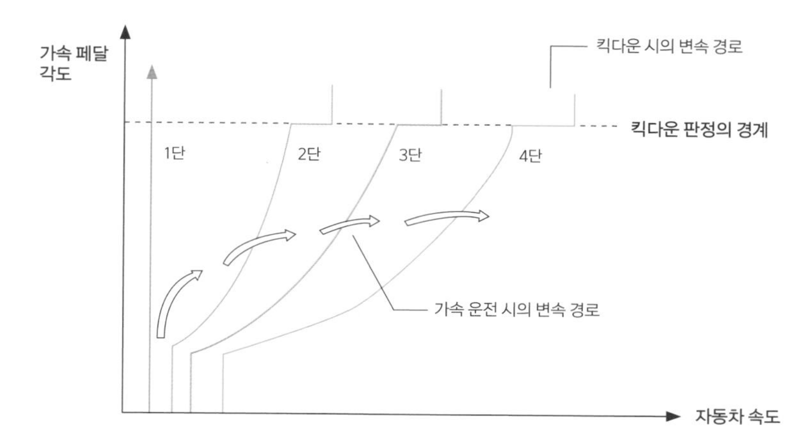

액셀 페달을 여러 차례 급하게 밟으면 차량 TCU가 바로 단수를 내려버린다.

엔진 rpm, 기어비, 차속의 변화 그래프

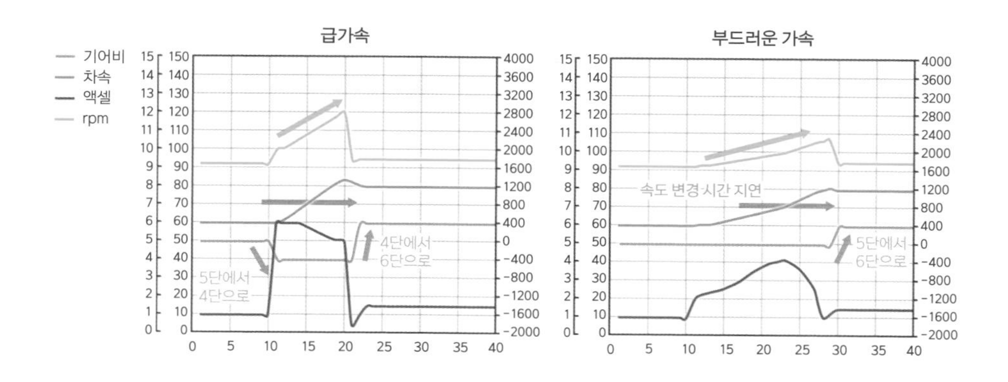

이 그래프는 같은 상황에서 액셀 페달을 어떻게 밟느냐에 따라 엔진 rpm, 기어비, 차속 등이 어떤 변화를 보여주는지 알려준다. 부드럽게 주행하면 가속이 오래 걸리지만, 연료를 확실히 아낄 수 있다.

3-03

자주 추월할수록 기름을 길바닥에 버리는 것과 같다

급가속을 하면 변속기의 로크업이 풀려버린다

3분 먼저 가려다 30년 먼저 간다는 표어도 있지만, 도로를 주행하다 보면 비좁은 자동차 사이를 가로지르며 추월하는 난폭 운전자들을 만나곤 한다. 정말 급한 일이 있어서 그런 경우도 있겠지만, 자동차 한 대를 제치는 일이 기름을 길바닥에 버리는 것과 같다는 사실을 알고 있는지 모르겠다.

가끔 짐을 많이 실은 화물차나 소형차들이 저속 차로에서 서행하기도 하지만, 도로에서 함께 달리고 있는 자동차들은 대개 비슷한 속도로 달린다. 그런 차를 추월하려면 그들보다 더 빨리 달려야 한다. 결국 액셀을 더 밟을 수밖에 없고, 이는 다운 시프트로 이어져 상대적으로 높은 rpm으로 주행할 수밖에 없다.

그렇게 한 대를 제치고 나면 그 앞에 다른 차들이 조금 전 지나쳐온 차와 비슷한 속도로 또 달리고 있다. 틈이 없으면 브레이크를 밟고, 다시 속도를 줄일 수밖에 없다. 그리고 액셀을 밟아 재가속한 뒤에 속도를 줄이는 동작을 반복한다. 이런 과정을 거치면 연비는 계속 나빠진다.

자동 변속기에는 속도를 유지해서 달리는 경우, 전달 효율을 개선하기 위한 로크업(lock up) 기능이 있다. 유압이 아닌 직접 체결 방식으로 동력이 전달되도록 하는 것이다. 속도와 단수를 일정하게 유지하고 액셀 페달을 4분의 1 이하에서 제어해 주면 작동한다. 유압 전달 방식보다 연비가 5~10% 정도 개선된다.

추월하려고 액셀을 밟으면 변속기는 다음 변속을 위해 로크업을 해제한다. 가속에는 더 많은 에너지가 필요하지만, 전달 효율이 떨어진 상황이니 엔진은 그만큼 더 많은 연료를 태우는 수밖에 없다. 그러니 차량 흐름에 차를 맡기고, 되도록 추월은 자제하는 것이 연비에 유리하다.

안전하게 추월 차로로 이동하는 법

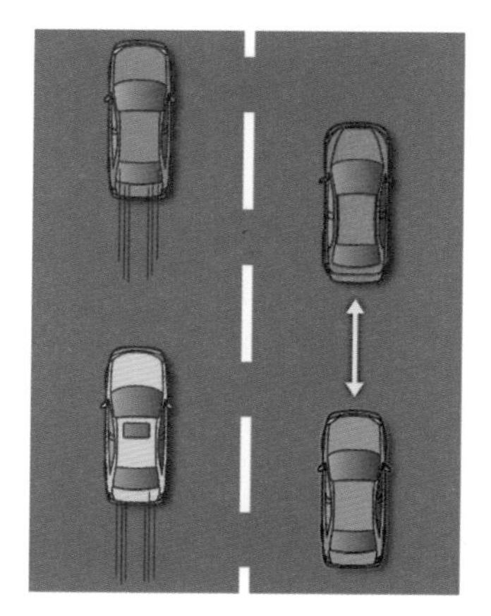

① 옆 차로의 속도에 맞춘다. 앞차와의 거리는 일정하게 유지한다.

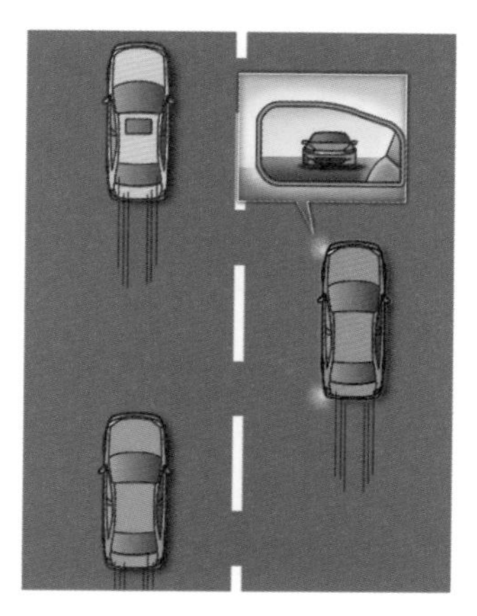

② 방향지시등을 켜고, 뒤 차량을 확인한다.

③ 대각선 앞에 있는 차량의 속도에 맞춘다.

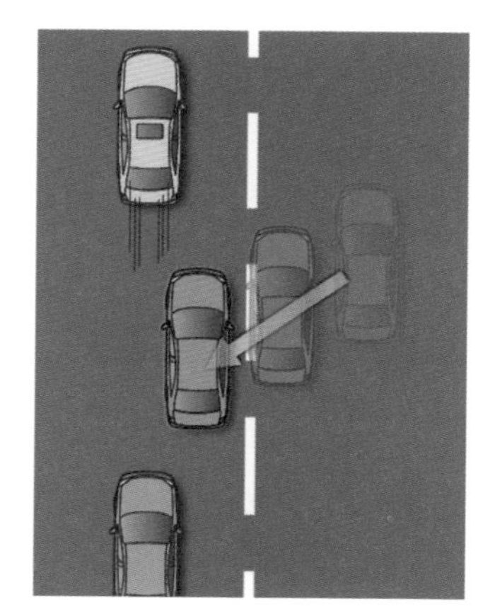

④ 공간을 확인한 후, 천천히 이동한다.

올바르게 추월하는 방법. 자연스러운 차량 흐름을 따라가는 것이 중요하다.

(참고 : 가와사키 준코, 《자동차 운전 교과서》)

3-04

정차 시에 N단으로 둬도 연비에는 큰 영향이 없다

얻는 것보다 잃는 것이 많은 정차 시 N단, 변화가 적어야 유리하다

P단에서 시동을 걸고 난 후에 출발하려고 D단으로 변경하면, 차체가 부르르 떨리면서 rpm이 살짝 출렁이곤 한다. P단에서는 클러치를 통해 변속기와 전혀 연결돼 있지 않던 엔진이 기어를 D단에 놓는 순간, 동력 전달이 시작되면서 앞으로 나가려는 여분의 에너지를 브레이크로 잡아주는 상황이 된다. 이때 두 힘이 충돌하면서 차체가 진동을 일으키는 것이다. P단에 있을 때와 비교하면 D단으로 놓았을 때가 당연히 연료 소비가 더 크다.

이런 경험 때문에 신호등에 걸려 정차할 때마다 연료를 아끼겠다고 D단에서 N단으로 변경하는 운전자들이 있다. 초창기에 나온 자동 변속기라면 확실히 정차 시에 N단과 D단의 rpm이 달랐고, 연비 차이도 있었다. 마치 수동 변속기에서 N단에 둔 경우와 1단에 반클러치를 밟고 있는 경우에 연비 차이가 있는 것처럼 말이다.

공인 연비 시험 중에는 이런 임의적인 변속기 조작을 할 수 없기에 제조사는 정차 시 D단에서의 연료 소비율을 개선해야 했다. 그래서 완전히 클러치가 분리되는 N단과 이동하기 위해 반클러치 상태로 준비하는 완전 D단 정차 사이에 D-Neutral 모드를 뒀다. 최소한의 연결만 유지한 상태에서 정차 기간을 보내도록 클러치 연결 비율을 조절한 것이다. D-Neutral 모드에서는 정차 시에 차체 진동도 최소화된다.

실주행에서는 N단으로 뺐다가 다시 출발하려면, D단으로 옮기고 액셀을 밟는 시간에 지체가 일어날 수밖에 없다. 오히려 전체 연비가 나빠지는 경우도 많다. 장시간 정차한다면 N단과 D단 사이에 유의미한 차이가 있겠지만, 3~4분 이내의 정차에서 N단 설정은 연비에 영향이 없다. D단으로 유지하고, 다음 출발을 부드럽게 시작하는 것이 더 유리하다. 5분 이상 정차하는 경우라면 N단 조작보다 시동을 끄는 것이 바람직하다.

신호 대기 중 기어 레버는 어떻게?

N단 선택	D단 선택
정차 시간이 5분 이상일 때	정차 시간이 1~3분 이하일 때
정차 시간이 길고 신호 대기열 끝 쪽에 서 있을 때	신호가 바뀌면 바로 출발할 수 있을 때
	오르막 또는 내리막에서 신호 대기할 때

장기간 정차 시에는 상대적으로 N단이 유리하다.

뉴트럴 아이들 기술

주행 중

정차 중 (브레이크만 밟고 있는 경우)

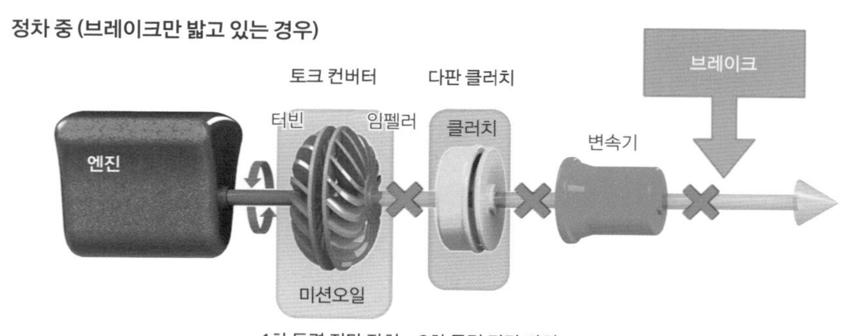

뉴트럴 아이들 기술의 모식도. 브레이크를 밟고 있으면, 변속기 내부의 클러치를 하나 빼서 중립으로 만든다. 업체마다 기술 이름이 다르지만, D단 부하를 줄여주는 기능은 같다.

3-05

내리막에서는 N단으로 놓지 말라

안전과 연비를 위해 필요한 타력(관성) 주행

일정 속력 이상으로 주행하다가 발을 액셀에서 떼면, 자동차는 이제 출력이 필요 없다고 인식한다. 이미 바퀴는 엔진과 변속기에 연결된 상태이니, 자동차가 지닌 관성에 따라 바퀴가 엔진을 돌리는 형태로 에너지 흐름이 바뀐다. 내리막에서는 그런 상태가 더 오래 지속되는데 이런 주행을 타력(관성) 주행이라고 한다.

관성으로 주행하면 엔진은 굳이 출력을 낼 필요가 없어서 연료 분사를 멈춘다. 이를 퓨얼 커트(fuel cut. 연료 차단)라고 하는데, 이러면 연료가 필요 없으니 연비로 따지자면 바로 이득이다. 바퀴와 엔진이 연결돼 있어서 엔진 브레이크가 걸린 상태이므로 내리막에서 브레이크를 최소화하고도 차속 제어가 가능하며, 연료 없이 상당한 거리를 갈 수도 있다. 계기판에서 순간 연비가 맥스(max)로 표시되고, 평균 연비가 좋아지는 것을 눈으로 확인할 수 있다.

내리막에서 연료를 아끼겠다고 N단을 놓는 경우가 있다. N단으로 설정하면 엔진과 바퀴가 서로 분리되기 때문에 차는 그냥 굴러 내려간다. 엔진 브레이크가 걸리지 않기 때문에 차속이 더 빨라지고 더 먼 거리를 갈 수 있겠지만, 지나친 속도 증가로 위험할 수 있다. 갑작스러운 돌발 상황이 발생했을 때, 액셀을 밟아서 운전자의 의도대로 속도 조절을 하려면 D단으로 변경하는 단계를 거쳐야 하기에 더욱 위험하다.

연비 측면에서 보더라도 손해다. 바퀴와 분리된 엔진은 시동이 걸린 상태를 유지하기 위해서 아이들 제어를 시작하면 분사를 재개해야 하기 때문이다. N단으로 바꾸었다가 다시 D단으로 변경하고 가속하는 과정에서도 불필요한 연료가 소비된다. 속도 제어 측면에서나 연비 측면에서나 내리막에서는 D단으로 놓고, 그냥 최대한 관성을 이용해 가는 것이 가장 유리하다.

차량 계기판의 모습

연비를 보여주는 계기판. 내리막에서 관성으로 주행하면 순간 연비가 최고치를 보인다.

D단과 N단의 연비 비교

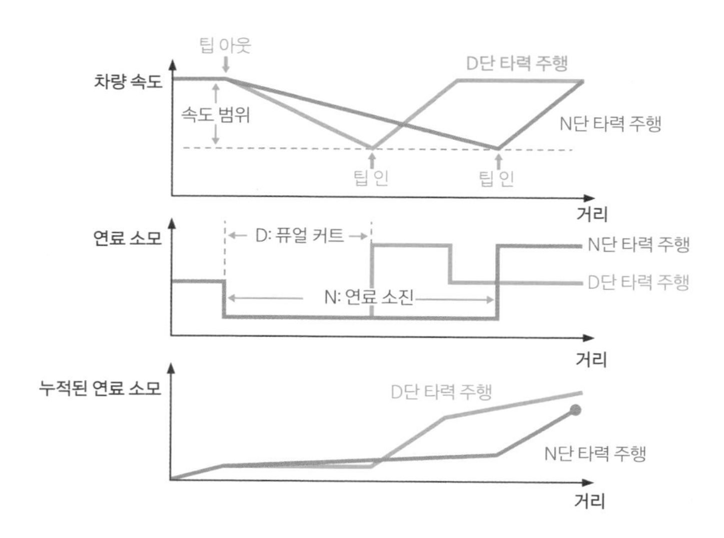

평지에서 타력 주행 시 D단과 N단의 연비 비교 데이터. 퓨얼 커트가 걸리는 구간에서는 D단이 더 유리하다.
(참고 : 한국자동차공학회 논문)

3-06

제일 높은 기어 단수에서 최대한 낮은 rpm을 유지한다

경제속도 – 엔진, 변속기, 주행저항의 최적점

연비란 결국 엔진에서 나온 에너지를 이용해서 차를 가장 멀리 보내면 향상된다. 그러려면 같은 연료를 가지고 엔진에서 가장 효율적으로 에너지를 만들어야 하고, 엔진 회전수가 같더라도 최대한 멀리 가야 좋다. 여기에 더해 자동차도 저항을 덜 받을 필요가 있다. 연비가 가장 좋은 이른바 경제속도는 엔진, 변속기, 주행저항이라는 3가지 요인에 의해 결정된다.

연비 측면에서 가장 효율적인 영역을 제동 연료 소비율(BSFC) 그래프에서 찾을 수 있다. 이 그래프는 같은 출력을 내는 데 드는 연료 소비율을 정리한 것이다. 전체적으로 최고 효율 지점은 펌핑하는 에너지 손실이 적은 2,000rpm 고부하 영역이지만, 일상 주행 영역에서는 같은 파워 라인에서 1,600~1,800rpm에 해당하는 (낮은) 영역이 유리함을 확인할 수 있다.

같은 회전이라면, 최대한 바퀴가 많이 굴러서 더 멀리 갈수록 연비는 유리하다. 즉 같은 차속이라면 높은 단수로 주행할수록 더 멀리 갈 수 있다. 그렇다고 무작정 차속을 늘릴 수는 없다. 주행저항, 그중에서도 공기저항은 차속의 제곱에 비례하기 때문에 차속이 지나치게 높아지면 저항을 극복하는 데 필요한 에너지가 그만큼 커진다.

예전에는 자동 변속기의 단수가 4~5단밖에 되지 않았다. 따라서 제일 높은 단수에서 1,800rpm 정도면 60~70km/h 내외에서 연비가 제일 좋았다. 지금은 차량 대부분의 변속기가 6단 이상이다. 차종에 따라 다르지만, 최적의 경제속도는 변속기의 최고 단에서 1,700rpm을 유지할 때의 차속 정도다.

도로 여건이 허락한다면, 주변 차량 흐름을 따라가면서 변속기의 단수를 최고로 하고, 최대한 rpm이 낮은 상태를 유지한다. 이 상태에서 최소한으로 액셀을 밟아 속도를 내면, 이 속도가 현 상황에서 가장 효율적인 경제속도라고 생각하면 된다.

엔진 BSFC 분포

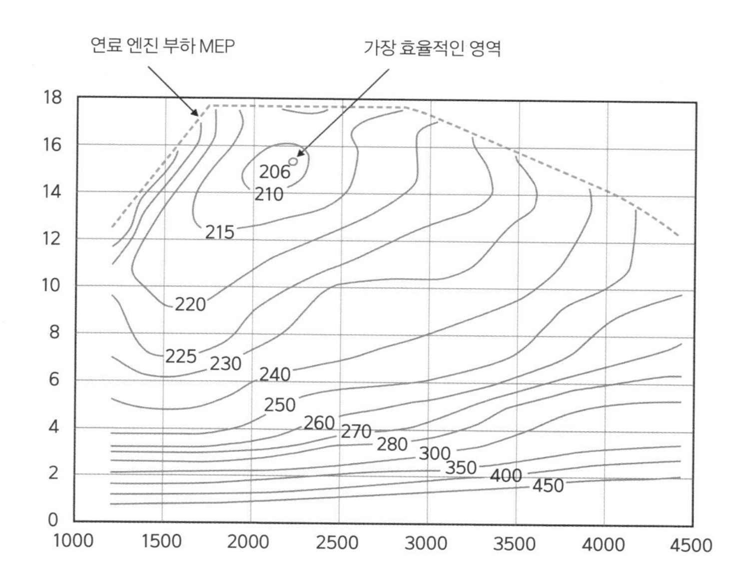

엔진 BSFC 분포를 보여주는 그래프. 같은 파워 라인이라면 rpm이 낮을수록 효율이 높다.
(참고 : X-engineer.org)

정속 운전할 때의 연료 소모량과 연비

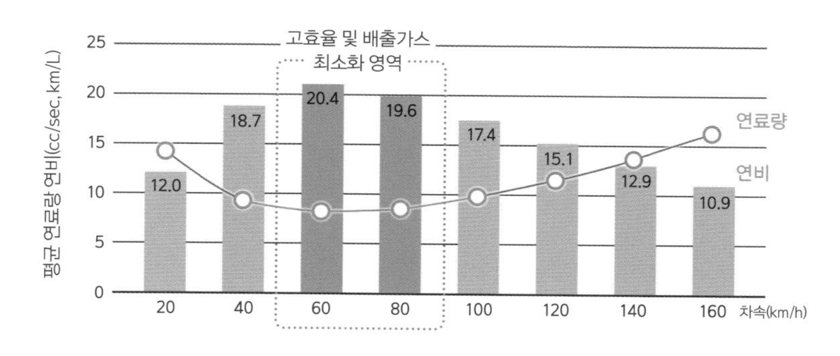

(출처 : 경기공업대학, 10. 11)

속도별 연료 소모량 테스트 결과 (참고 : 환경부 연비 운전 캠페인)

3-07

정속 주행 연비를 높이고 싶으면 크루즈 기능을 사용하자

기술이 사람보다 낫다는 점을 인정해야 한다

ADAS(Advanced Driver Assistance System) 기술이 발전한 덕분에 고속도로에서 장거리 운전이 편해졌다. 액셀에 계속 발을 올려다 놓지 않아도 설정해 놓은 차속을 일정하게 유지하는 크루즈 기능은 요즘 차량에 기본 옵션이다. 차량 흐름이 일정하고, 도로 상황이 여유 있을 때 사용하면 편하게 이동할 수 있다.

운전 편의성도 분명 이익이지만, 연비 측면에서도 크루즈 제어를 최대한 활용해 주면 좋다. 크루즈 제어는 기본적으로 브레이크 없이 엔진 출력과 주행저항만으로 차속을 유지하는 시스템이기 때문에 불필요한 가속을 최소화하면서 주행할 수 있다.

이를 위해서 엔진 ECU는 엔진이 내는 출력과 실제 차속의 변화를 계속 모니터링한다. 만약 일반 평지에서 예상되는 차속 변화보다 속도가 더 빨라지면 내리막으로 인식하고, 더 늦어지면 오르막으로 판단한다. 각 도로 조건에 따라서 차속을 제어하는 데 필요한 엔진 출력값을 예상해서 조절한다.

오르막이 보이면 운전자가 액셀을 더 밟고, 내리막에 접어들면 관성으로 주행하듯 ECU가 데이터를 기반으로 실시간으로 조절하는 것이다. 하이브리드 차량은 배터리 충전 상태도 모니터링해서 차속을 줄여야 할 때, 회생 제동을 활성화한다.

요즘은 일정한 차속뿐 아니라 앞뒤 차량 간의 거리를 모니터링해서 크루즈 제어를 한다. 도로의 차량 흐름에 가장 적합한 기어 단수와 차속을 조절해 주는데, 안전이 최우선이지만 여유가 있다면 브레이크 작동을 최소화하고 차량 흐름에 맞는 부드러운 주행을 우선시한다. 이 때문에 연비에 유리할 수밖에 없다. 가파른 오르막에서 높은 차속을 무리하게 유지하는 경우를 제외하고는 기계가 사람보다 더 냉정하고 정확하다.

크루즈 버튼

크루즈 기능을 활성화하면 차속을 일정하게 유지할 수 있도록 도와준다.

도로 상태에 따른 차속 변화

예상되는 차속 변화를 ECU가 학습하고 있어서, 그 차이만큼 경사도를 예측한다.

3-08

예열을 충분히 하면 연비에 좋은 네 가지 이유

자동차도 준비운동이 필요하다

사람은 격렬한 운동을 하기 전에 준비운동을 한다. 조금씩 움직이다 보면, 심장이 뛰고 힘을 내는 데 필요한 근육에 피가 공급되면서 저장된 에너지원이 활성화된다. 이 덕분에 부드럽게 움직이고 부상도 예방할 수 있다.

자동차 엔진도 마찬가지다. 시동을 걸고 예열을 하면, 밤새도록 바닥에 가라앉아 있던 엔진 오일은 심장이 피를 온몸에 보내듯이 엔진 구석구석으로 전달된다. 금속과 금속이 맞닿는 위치에 오일이 코팅되면 마찰이 줄면서 엔진이 움직이는 데 필요한 에너지가 줄어든다.

오일 자체의 끈끈함도 온도가 높아지면 더 부드러워진다. 찐득찐득한 갯벌에서 걷는 것보다 얕은 물 위를 걷기가 훨씬 쉽듯이 오일 점도가 낮아지면 엔진은 적은 연료로도 쉽게 움직일 수 있다. 엔진이 만든 동력을 바퀴로 전달하는 변속기의 유압에 드는 마찰력도 마찬가지다.

엔진이 차가우면 연소도 불안해진다. 최적의 효율보다 일단은 연소가 제대로 되는 것이 우선이기 때문에 냉각된 상태에서는 아이들 rpm을 올리고, 분사 시기를 최적 조건보다 뒤로 미룬다. 연비에는 불리한 조건이다.

이렇듯 엔진 온도를 올리는 것이 내구성과 성능 측면에서 모두 유리하기 때문에 변속기도 엔진이 빨리 데워질 수 있도록 한다. 기어 단수를 완전 예열이 됐을 때보다 늦게 올려서 되도록 높은 rpm을 유지하면, 냉각수 온도를 올리는 데 도움이 된다.

이런 모든 과정이 연비에는 불리하다. 특히 엔진 냉각수 온도가 섭씨 40도 이하라면 연소 안정성을 중시하기 때문에 첫 시동을 건 뒤에 1~2분 정도는 아이들 상태에서 예열이 되기를 기다렸다가 출발해야 연비에 더 도움이 된다. 준비운동이 필요한 건 사람만이 아니다.

예열과 연비의 관계

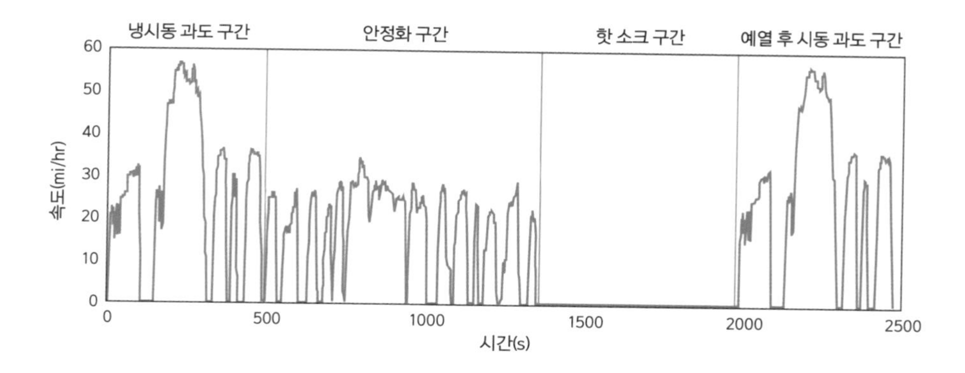

FTP-75 모드로 주행 시, 예열 전인 Phase 1이 예열 후인 Phase 3보다 연비가 10% 이상 좋지 않다.

온도와 엔진 오일의 점도

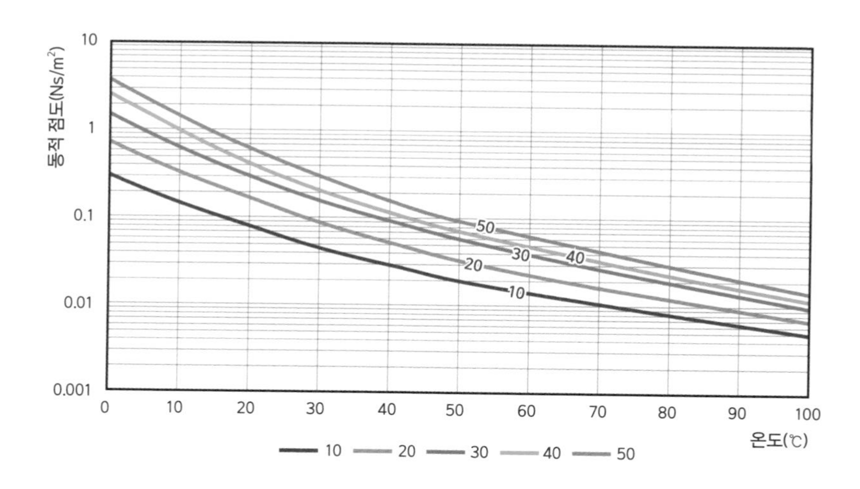

엔진 오일은 온도가 올라갈수록 점도가 낮아진다. (참고 : EngineeringToolbox.com)

3-09

겨울철 혹한기 연비에 영향을 주는 요인들

추운 날씨는 자동차도 힘들다

겨울이 오면 사람뿐만 아니라 자동차도 추운 날씨 때문에 힘들다. 자동차 운행에 평소보다 많은 에너지가 필요하기 때문이다. 봄가을과 비교하면 일반적으로 겨울철 연비가 10~15% 정도 낮다.

일단 추운 날씨에 시동을 걸지만, 엔진은 차갑게 식어 있다. 끈끈해진 엔진 오일과 차갑게 식은 연소실, 여기에 추위로 성능이 저하된 배터리가 시원치 않게 스타터 모터를 돌리니 적절한 폭발을 일으키려면 평소보다 많은 연료를 분사해야 한다. 겨울용 엔진 오일을 사용하면 시동성을 조금 개선할 수 있다.

시동을 걸고 난 후에도, 엔진을 데우는데 시간이 걸린다. 평소보다 예열을 더 길게 해줘야 하지만, 냉각수 온도가 올라가는 속도는 더디다. 주행 중에도 앞에서 영하의 차가운 바람이 세게 부는 상황이기 때문에 디젤 엔진의 경우에는 냉각수 온도가 섭씨 70도 이상으로 올라가지 않는 때도 있다. 그만큼 엔진 내 마찰력이 크고, 연비에는 손해다.

추운 날씨에 타이어 공기압이 낮아지면 노면과 닿는 면이 증가한다. 마찰력이 커지면 눈길 안전 주행에는 유리하겠지만 연비에는 손해다. 지나치게 낮아진 타이어 공기압은 미리 확인해서 적절한 수준을 유지해야 하다.

겨울에는 히터 사용이 늘 수밖에 없다. 내연기관 차량은 엔진 연소에서 나오는 열을 이용해 실내 공기를 데우기 때문에 히터 자체는 연비에 큰 영향이 없다. 다만, 외기온도가 낮으면 실내의 흡기 때문에 자동차 창에 습기가 차면서 시야를 방해하는 일이 많다. 이 때문에 제습 기능을 사용하면 컴프레서가 작동하면서 연비가 나빠진다. 창문을 열어 주기적으로 환기하면서 실내 습도를 낮추는 것도 김 서림을 줄이는 방법이다.

차창에 김이 서린 모습

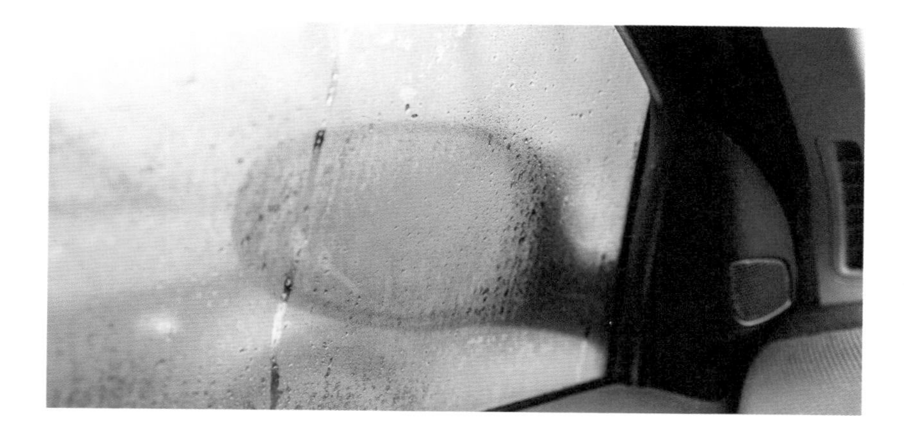

겨울에는 사람이 내뱉는 습기에도 김 서림이 생기고, 공조 장치를 켜야 하는 상황이 발생한다. 이때 연비가 나빠진다.

타이어 적정 공기압 상태

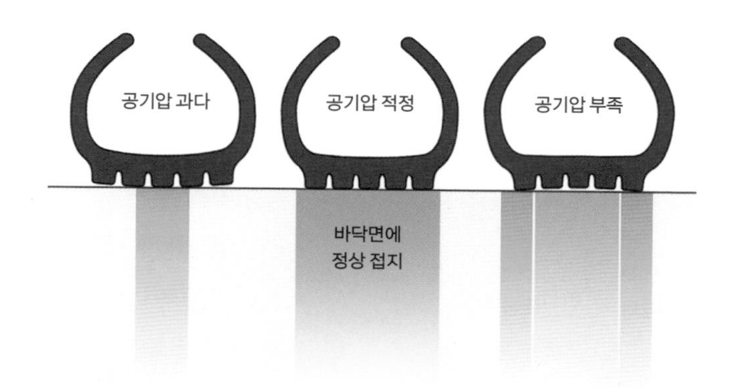

외기온도가 낮아지면 공기압도 자연스럽게 낮아지면서 노면에 닿는 면이 늘어난다.

3-10

더운 여름철 연비에 영향을 주는 요인들

뜨거운 엔진도 더운 여름에 적응하려면 에너지가 필요하다

추운 겨울보다는 낫지만, 더운 여름철이면 자동차 역시 힘들다. 시동을 걸었을 때 냉각수 온도가 높으니 시동이 수월하게 걸리고, 예열도 금방 되기 때문에 자동차 주행에는 유리한데도 말이다.

너무 온도가 높으면 계속 열을 내는 엔진에는 부담이다. 뜨거운 흡기 온도와 달궈진 엔진은 노킹이 일어날 가능성을 높인다. 엔진에 달린 가속도 센서가 이상 연소를 진단하면 엔진을 보호하려고 점화 시기를 지연하는데, 그러면 연비가 조금 나빠진다. 유럽에서 그대로 도입한 수입차들의 경우, 여름철에 고급 휘발유를 사용하면 노킹을 예방할 수 있다.

오르막을 빠르게 올라가거나 고속으로 계속 주행하다 보면 냉각수 온도가 너무 높게 올라가기도 한다. 섭씨 100도 이상으로 냉각수 온도가 오르면, ECU는 출력과 rpm을 제한하기 때문에 정상적인 조작이 어려워진다. 장거리 여행 전에는 냉각수가 충분한지 확인하고, 대관령 같은 가파른 오르막길을 오를 때에는 너무 많은 부하가 걸리지 않도록 천천히 가속하면 좋다.

더운 날씨 때문에 작동시키는 에어컨은 여름철 연비 저하의 주된 요인이다. 덥고 습기도 많은 여름철에는 제습을 위해서도 에어컨을 작동하는데, 컴프레서에서 냉매를 압축하는 동력으로 엔진에서 나오는 출력을 직접 이용하기 때문에 그만큼 연료가 더 든다.

뜨거운 노면을 달리면 타이어 내 공기 온도가 상승하면서 압력도 같이 상승한다. 타이어 공기압이 오르면 노면에 닿는 면적이 줄어서 연비에는 유리하다. 다만 차량 전체 무게를 떠받치는 면적이 줄어드는 셈이고, 또 고무 재질의 특성상 온도가 높으면 재질이 부드러워져서 부분 마모가 심해질 수 있다. 타이어 펑크가 여름철에 잦은 만큼 타이어 상태를 고려해서 적절한 타이어 공기압을 설정해야 한다.

냉각수 과열 경고등

엔진 냉각수 과열 경고등이 들어온 모습. 출력이 제한되고 피스톤과 실린더가 흡착될 수 있다. 이런 일을 방지하려면 냉각수량을 꼭 점검해야 한다.

기온과 타이어 사고의 연관성

(출처 : 현대해상 교통기후환경연구소, 2013년)

3-11

연비를 올리려면 실내 주차장에 주차하라

추운 날 외부에 주차했다면 충분히 예열한 후에 주행한다

전날 주행했던 차량도 6시간 정도 지나면 외기온도에 맞춰서 식는다. 차가 어디에 주차돼 있는지에 따라서 자동차가 받는 영향도 큰 차이가 있다. 외기온도의 변화에 직접적으로 영향을 받는 실외 주차장보다는 기온 변화가 적은 실내 주차장이 여러모로 유리하다.

일단 실내 주차장이 실외보다는 따뜻하다. 영하로 떨어지는 추운 겨울철에도 실내 주차장은 섭씨 10도 내외의 기온을 유지하기 때문에 냉각수나 오일의 온도가 양호하고, 배터리의 성능도 유지할 수 있다. 예열에 걸리는 시간이 더 줄어들어 연비에도 좋다.

여름에는 실외 주차장에 세워진 차들이 불리하다. 햇볕에 달궈진 자동차 실내를 식히느라 에어컨 사용이 늘 수밖에 없기 때문이다. 엔진 입장에서는 시동할 때의 온도가 높아야 유리하겠지만, 이때 공조 장치에서 잡아먹는 연료가 훨씬 크다.

자동차 부품들도 온도에 영향을 많이 받는다. 특히 금속과 금속 사이에 댐퍼 역할을 하는 고무류가 너무 높은 온도에는 물러지고, 낮은 온도에는 딱딱해진다. 내구성에 영향을 주는 건 온도 자체보다 급격한 온도 변화다. 팽창했다 수축하기를 반복하다 보면, 단차가 조금씩 생기면서 접촉에 의한 소음이나 파손이 일어나기도 한다.

장기간 주차해야 할 때는 실내로 차를 옮겨두는 편이 좋다. 몹시 추운 날 실외에 주차한 차를 주행한다면 주행 전에 예열을 충분히 해서 냉각수뿐 아니라, 자동차 엔진룸에 있는 부품들이 적당히 따뜻해진 이후에 주행을 시작한다. 이러면 날씨에 의한 고장을 최소화할 수 있다. 실외에 주차할 경우, 햇볕을 바로 받지 못하는 그늘이나 열려 있는 공간보다는 건물 주변에 대는 것이 온도 변화를 줄이는 데 유리하다.

실내외의 기온 차이

추운 겨울날 실외와 실내 주차장은 기온 차이가 크다.

차량의 실내 온도 (단위 : °C)

실외 온도 섭씨 37~38도, 상황별 차량 온도		
	햇볕에 1시간 주차	그늘에 1시간 주차
대시보드(계기판 위)	69~70	47~48
시트	50	40
운전대	53	41~42
차량 실내	46~47	37~38

(출처 : 한국교통안전공단, 소방청)

더운 날에는 그늘에 세워두는 것만으로 차량의 실내 온도를 줄일 수 있다.

3-12

기름값을 아끼는 에어컨 작동법

최대한 실내 온도를 공조 장치 없이 낮춰보자

에어컨 컴프레서에 걸리는 부하는 공조 장치의 설정에 따라 결정된다. 일반적으로 3단계로 나뉘는데, 공조 장치에서 목표한 온도와 실내 온도 차이가 클수록 에너지가 많이 필요하다. 그리고 설정한 풍량이 많을수록 높은 단계로 이동하면서 역시나 에너지가 많이 든다.

결국 연료 소비를 최소화하면서 에어컨을 작동시키려면 실내 온도를 최대한 낮추고, 최대 강도로 작동하는 시간을 줄이는 노력이 필요하다. 출발 전에 문을 전부 열어서 내부에 쌓인 열기를 빼고 출발하거나, 주행 초반에 모든 창문을 잠깐 열어 주행풍으로 열기를 뺀다. 이러면 설정값과 실내 온도 차이를 줄여 빨리 온도를 낮출 수 있고, 연료도 아낄 수 있다. 창문을 열어 공기 저항이 커지는 영향보다 에어컨이 작동할 때의 부하가 더 크다.

주행 중에는 설정 온도를 너무 낮게 설정하지 말고, 처음 일정 구간에서 바람을 강하게 틀어서 확실히 실내 온도를 낮춘 후에 1~2단계로 유지한다. 이런 방식이 연비에 조금 더 유리하다.

기본적으로 에어컨은 부하가 많이 필요한 장치라는 점을 알아야 한다. 에어컨 작동이 잦은 여름철에는 공인 연비 대비해서 5~15% 정도 연비가 나빠질 수밖에 없다.

에어컨 필터 교환은 연비와 관련 없다. 다만, 컴프레서 풀리의 장력과 냉매는 에어컨 성능과 연비에 바로 영향을 준다. 컴프레서는 설정한 만큼 압축될 때까지 계속 작동하기 때문에 냉매가 부족하거나 풀리의 장력이 떨어지면, 엔진 부하가 계속 걸리면서도 냉각 성능이 떨어진다. 에어컨이 작동했을 때 이상한 소음이 난다거나, 찬 바람이 시원찮다면 관련 시스템을 점검받아 보는 것이 좋다.

차량 실내 온도를 낮추는 법

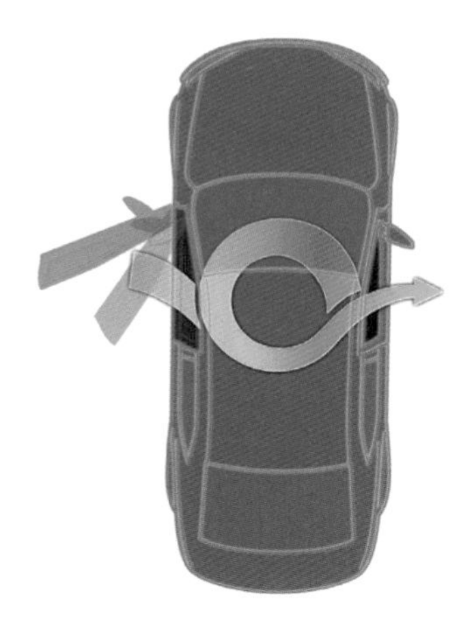

한쪽 차창을 열고 반대편 문으로 부채질하듯 여닫으면 뜨거운 공기가 빠져나간다.

에어컨과 연비

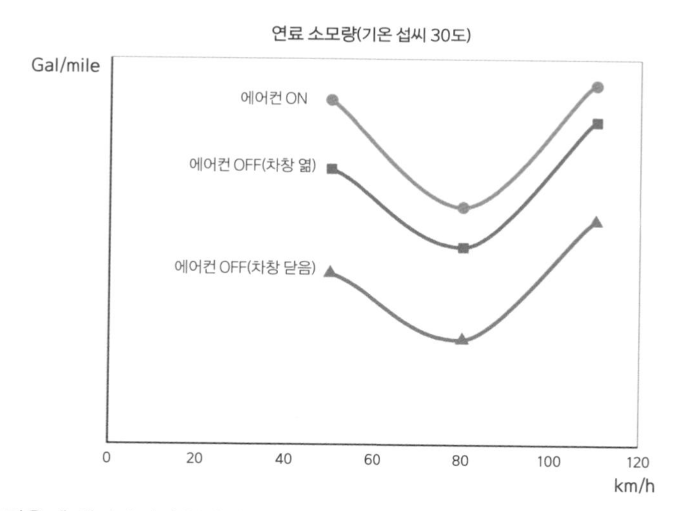

에어컨을 켰을 때, 연비가 가장 좋지 않다. (참고 : 국제자동차기술자협회)

3-13

차량 실내외의 온도 차이를 줄여주자

김 서림을 제거하는 데도 에너지가 든다

김 서림은 밀폐된 공간인 자동차 내외부의 온도 차이 때문에 생긴다. 여름이면 차가운 음료를 담은 컵 바깥에 물방울이 맺힌 모습을 쉽게 본다. 이처럼 따뜻한 공기가 차가운 창과 만나면 습기가 차면서 시야를 가리곤 한다.

김 서림은 상대적으로 더 따뜻하고 습기가 많은 곳에서 맺힌다. 바깥이 더 뜨겁고 더운 여름철에는 에어컨 때문에 차가운 실내와의 온도 차이로 창 바깥쪽에 물방울이 맺히는데, 이런 경우에는 와이퍼로 간단히 제거하면 된다. 바깥 공기가 차가운 겨울철에는 창문 안쪽에 맺히는 습기를 제거하는 기능들을 활용한다.

일차적으로는 차량 외부와 내부 온도를 맞추면 해결된다. 창문을 열어서 환기하고, 온도를 비슷하게 맞추면 대개 습기는 쉽게 사라진다. 비나 눈이 와서 창문을 완전히 열기 어려우면, 조금만 열고 외부 공기 유입 버튼을 눌러서 바깥 공기를 유입한다. 그러면 온도 차가 줄어들어 김 서림 제거에 도움이 된다. 별도 동력이 필요하지 않기 때문에 연비에는 영향이 없다.

실내 습도가 높거나 난방을 할 수밖에 없는 겨울철에는 히터를 틀고 에어컨을 작동하면, 따뜻하면서도 건조한 바람이 나와서 습기를 손쉽게 제거할 수 있다. 다만 연비에는 손해다. 에어컨의 컴프레서가 작동해서 일단 냉매로 실내 공기를 식혀서 습기를 낮추고, 다시 엔진에서 나오는 열로 데워서 따뜻하게 만든 후에 실내로 유입하기 때문에 에너지가 많이 든다.

하지만 안전을 위해 시야를 제대로 확보하는 것이 더 중요하다. 앞 유리 김 서림 제거 버튼을 누르면, 외기 유입으로 전환해서 습기가 많은 실내 공기를 환기하고, 에어컨을 이용해서 습기를 제거한다. 공조 장치의 바람 방향을 창 쪽으로 전환하고, 바람 세기 출력을 최대로 올리면 빠르게 김 서림을 제거할 수 있다.

김 서림을 관리하는 법

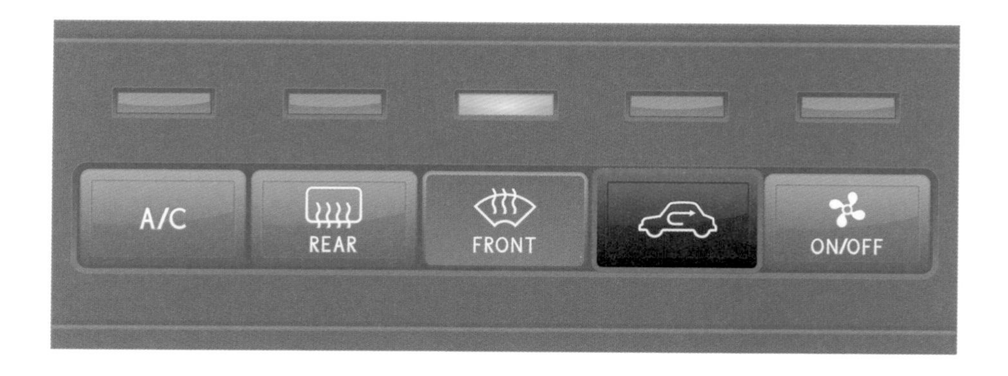

내기 순환 버튼을 누르면 바깥 공기를 막고, 외기 유입 버튼을 누르면 바깥 공기가 들어온다.

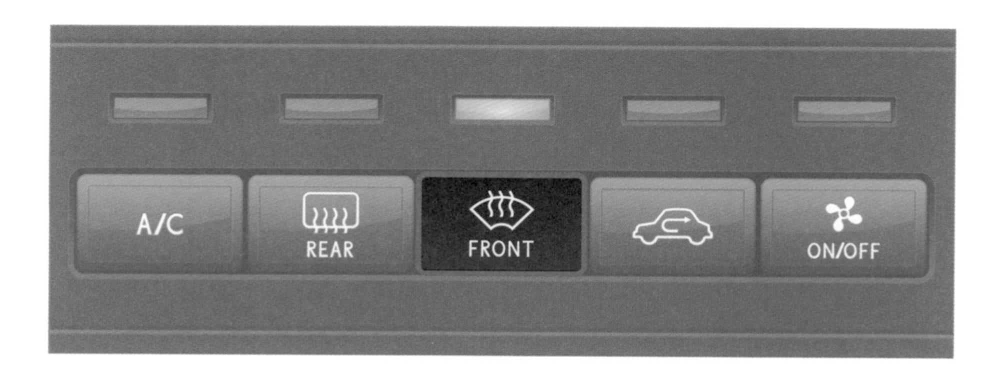

앞 유리 서리는 바깥 공기와 에어컨으로, 뒷유리 서리는 열선으로 제거한다.

3-14

2분 이상 차를 세워둔다면 시동은 꺼두자

공회전은 그냥 연료를 버리는 것

엔진은 자동차가 멈춘 동안에도 계속 돌아간다. 이 경우, 냉각수 온도를 유지하고 다음 출발에 바로 달릴 수 있다는 장점이 있다. 다만 주행거리와 소비 연료로 계산하는 연비 측면에서 보자면, 공회전은 그냥 연료를 길거리에 버리는 것과 같다.

환경 측면에서도 좋지 않기 때문에 정부는 대기환경보전법 제59조에서 공공장소에서의 공회전을 제한하고 있다. 지방자치단체도 주정차가 잦은 지역에서 자동차가 5분 이상 정차하면 과태료를 부과한다. 이렇듯 행정부에서는 공회전과 관련해서 적극적인 조처를 하고 있다.

공인 연비를 조금이라도 올리려고 자동차 제조사들은 정차 시에 시동을 껐다가 다시 출발하면 재시동을 켜는 아이들 스톱 앤드 고(IDLE STOP & GO), 즉 ISG 시스템을 도입했다. 액셀과 브레이크 페달에 따라 운전자 의도를 파악해야 하고, 혹시 모를 안전사고를 막기 위한 복잡한 로직을 개발해야 하지만, 연비에는 2% 정도 효과가 있다. 고속도로 주행보다는 가다 서기를 반복하는 일반도로에서 효과가 크다.

정차 시에 시동을 꺼도 자동차의 일반적인 기능들은 그대로 작동한다. 다만 엔진 동력을 쓰는 에어컨이나 배터리 얼터네이터 같은 장치들은 제 기능을 발휘할 수 없다. 시동을 끄면 송풍구에서 미지근한 바람이 나오거나 헤드라이트 불빛이 조금 약해지는 것은 자연스러운 일이다.

법규가 아니더라도, 불필요한 공회전은 환경이나 경제적인 면에서 좋지 않다. 혹시 꺼졌다 켜졌다를 반복하는 일이 자동차에 무리를 주지 않을까 걱정할지도 모르겠다. 하지만 너무 잦은 시동이 아니라면 차량 부품 내구에 큰 영향을 주지 않으니 걱정하지 않아도 된다. 2분 이상 정차해야 하는 상황이라면 시동을 끄고 대기하는 것이 바람직하다.

ISG 시스템의 작동 과정

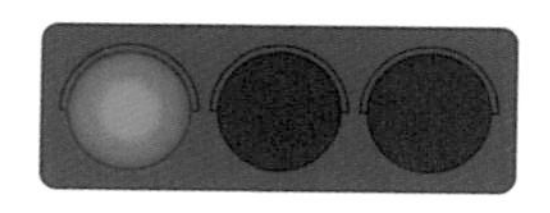

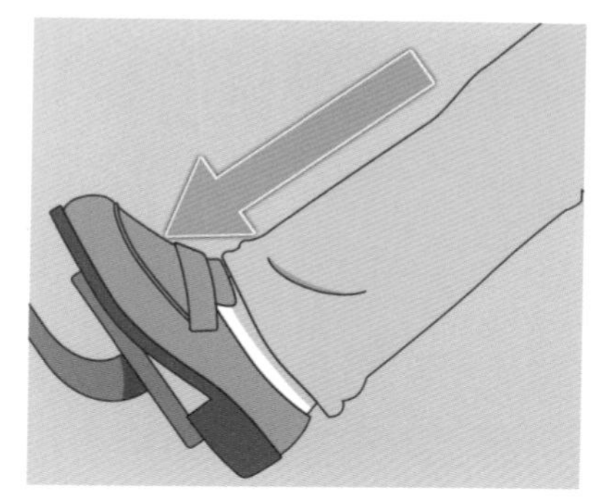

브레이크 페달을 밟으면 시동이 꺼진다.

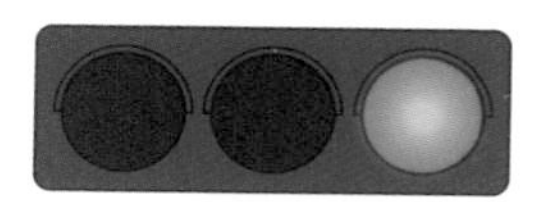

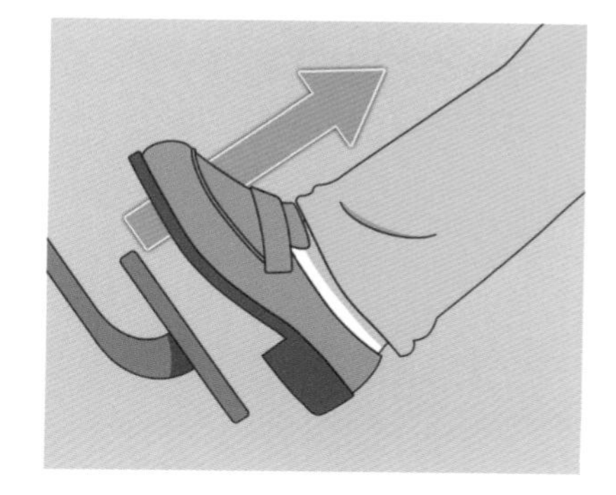

브레이크 페달을 떼거나 액셀을 밟으면 시동이 켜진다.

ISG 기능을 사용하면 정차 시 공회전을 최소화할 수 있다.

올바른 정차 요령

교통 정체로 2분 이상 정차해야 한다면 시동을 끄는 것이 좋다.

3-15

거리가 좀 멀어도 자동차 전용 도로를 이용한다

연료를 아끼고, 환경도 보호할 수 있다

목적지가 같더라도 경로는 여러 가지다. 예를 들어 시내를 관통해서 가는 경로와 자동차 전용 도로를 이용해 조금 돌아가는 경로 중 하나를 선택할 수 있다. 거리만 따진다면 시내를 관통하는 경로가 짧겠지만, 시내가 막힌다면 돌아가더라도 자동차 전용 도로를 이용하는 편이 더 빠를 때도 많다.

연비 측면에서도 자동차 전용 도로가 유리하다. 시내에는 신호등과 교차로가 계속 있어서 아무래도 가다 서기를 반복할 수밖에 없다. 물론 물리적인 거리의 차이를 무시할 수는 없지만, 가다 서기를 반복한다는 것은 브레이크를 그만큼 많이 밟았다는 의미다. 물리적인 거리만큼이나 엔진이 작동한 시간도 연비에 영향을 주는 중요한 요인이다.

가다 서기를 반복한다는 것은 차속이 계속 변한다는 말이며, 기어도 자주 바꾼다는 뜻이다. 그때마다 엔진은 연비가 안 좋은 구간을 거쳐야 한다. 이에 반해 자동차 전용 도로를 이용하면 변속과 브레이크를 최소화하고 경제속도를 유지할 가능성이 커진다. 조금 돌아가더라도 자동차 전용 도로를 이용해야 연비에 유리하다.

최근 구글맵에는 최단 거리와 최단 시간뿐 아니라, 연비를 우선으로 한 코스를 탐색하는 기능이 추가됐다. 운전자가 자기 차의 유종을 선택하면, 경로를 달리 안내한다. 고속 주행에서 연비가 좋은 디젤은 고속도로 위주로, 저속에서 연비가 상대적으로 좋은 하이브리드는 시내 주행 위주로 실도로 교통 상황에 맞춰 목적지까지 가장 경제적으로 갈 수 있는 길을 알려준다. 몇 분 더 걸리더라도 연료를 덜 쓰는 경로로 가면 연료비를 아끼고 환경도 보호할 수 있다.

자동차 전용 도로

차량 흐름이 끊어지지 않는다는 사실이 자동차 전용 도로의 가장 큰 장점이다.

구글맵의 내비게이션 기능

구글맵에서 연비 우선 탐색을 선택하면 엔진 종류에 따라서 최적화된 코스를 알려준다.

3-16

오르막과 내리막에서는 기어를 저단으로 바꾼다

산길 운전에서 연비 챙기기

산길을 운전하면 오르막과 내리막이 반복되기 때문에 보통은 일정한 상태를 유지하기 어렵다. 이때 연료 소비를 최소화하려면 상황에 맞는 운전이 필요하다.

오르막은 가만히 있어도 브레이크를 밟은 것처럼 속도가 자연스럽게 떨어진다. 그렇기에 오르막에서는 자연 감속을 최대한 활용해 웬만하면 브레이크 밟을 일이 없도록 주의해야 한다. 특히 멈췄다가 다시 출발하면 낮은 단수에 큰 힘이 필요하니 안전거리를 확보해서 정차를 최소화하는 것이 좋다. 오르막에 진입하기 전, 내리막과 평지에서 적절히 가속해 탄력을 받으면 오르막에서 추진력으로 활용할 수 있어서 액셀을 최소한으로 밟을 수 있다.

오르막에서 속도를 유지하려면 가속 페달을 평지보다 많이 밟아야 한다. 변속기는 액셀 페달의 위치와 차속 변화를 보고 경사도를 판단하는데, 급격한 가속을 위해 조금만 깊게 밟아도 차속이 그만큼 올라가지 않기 때문에 기어 단수를 낮춰버린다. 그러면 엔진 rpm이 높아져서 자동차는 일단 앞으로 가지만, 연비는 안 좋아지는 상황이 된다. 이 때문에 최대한 현재의 기어 단수를 유지하는 것이 중요하다.

내리막에 접어들기 전인 정상 부근에서는 오르막의 자연스러운 차속 감소를 이용한다. 내리막에 진입하는 속도를 미리 낮추는 것이다. 내리막에서는 안전을 위해서도 N단보다 D단을 유지하고, 감속해야 하는 상황이면 엔진 브레이크를 활용한다. 이러면 퓨얼 커트를 극대화하고, 기어 변경도 최소화해서 연비에 유리하다.

산길을 주행할 때는 안전이 가장 중요하다. 곡선 구간에 들어가기 전에는 미리 브레이크를 밟아 속도를 줄이고, 곡선 주행 중에는 브레이크를 밟는 것보다 엔진 브레이크를 이용해 속도를 조절한다. 오르막이든 내리막이든 가속은 직선 구간에서 하는 것이 안전하다.

오르막과 내리막에서의 기어비

오르막길 주행 시

저단 변속으로 파워 UP!

내리막길 주행 시

저단 변속으로 엔진 브레이크 사용

오르막에서는 자연스럽게 저단으로 기어를 바꾼다. 과도한 다운 시프트는 높은 rpm 주행을 하게 하므로 주의할 필요가 있다. 내리막에서는 저단으로 엔진 브레이크를 활용하는 것이 안전하고 퓨얼 커트도 더 많이 활용할 수 있다.

커브가 심한 산길

구불구불한 산길에서는 곡선 주로에 진입하기 전에 차속을 낮추는 것이 안전하다.

3-17

시내 주행 연비를 아끼는 네 가지 방법

부드러운 운전이 연비에도 좋다

가다 서기를 반복하는 시내 주행에서 연비를 높이려면, 최대한 낮은 rpm으로 달리는 것이 좋다. 그러려면 기어 단수를 최대한 빨리 높여야 한다. 액셀 페달을 많이 밟을수록 변속 시점이 지연되는 자동 변속기의 패턴을 생각하면, 최대한 부드럽게 출발하고 가속하는 것이 빠른 업 시프트를 유도해서 연비에 유리하다. 앞차를 추월해도 어차피 다음 신호등에서는 다 같이 만나기 마련이니 불필요한 가감속을 유발하는 추월은 최대한 자제한다.

시내에는 곳곳에 과속 단속 카메라들이 설치돼 있다. 특히 어린이 보호 구역 주변은 30km/h 이내로 서행해야 하기 때문에 속도를 괜히 높였다가는 급방 감속해야 하는 상황이 자주 발생한다. 되도록 도로에서 허용하는 속도의 5% 이상을 넘지 않으려 노력하고, 30km/h 단속 구간을 미리 숙지해서 제한 속도 아래로 서행하는 것이 연비에 유리하다.

시내 주행을 할 때면 어느 순간에도 곧 차가 멈출 수 있다는 가정을 하고 달리는 것이 중요하다. 앞차 브레이크등에 불이 들어오거나, 저 멀리서 신호가 얼마 남지 않았다는 것을 인지하는 순간 액셀에서 발을 떼고 관성 주행을 해야 한다. 노면 저항과 엔진 브레이크로 최대한 감속한 후에 마지막 정차 순간에만 브레이크를 밟아주는 것이 퓨얼 커트 구간을 최대화하는 방법이다.

시내 주행에 있어 가장 큰 복병은 교통 정체다. 내비게이션이나 교통 정보를 참조해서 돌발 상황이 일어난 곳을 피하면 좋다. 가능하면 거리가 좀 멀어도 덜 막히는 길로 다니는 것이 시간뿐 아니라 연비에도 도움이 된다.

브레이크등과 액셀

신호등이나 브레이크등이 보이면 바로 액셀에서 발부터 떼야 한다.

기어비 변화와 가속

기어 변속	부드러운 가속	급가속
1단→2단	12km/h	13km/h
2단→3단	33km/h	38km/h
3단→4단	64km/h	140km/h

변속기의 패턴에 따라 액셀 페달을 부드럽게 밟을수록 더 낮은 속도에서 변속이 된다.

3-18

고속도로에서는 정속 주행을 한다

정속 주행을 유지하기에 가장 좋은 조건

고속도로는 운전에 유리한 곳이다. 일단 일정한 차속을 유지할 수 있고, 신호등같이 속도를 급격히 줄이거나 정차해야 하는 경우가 없다. 회전할 때에도 일정한 차속을 유지하도록 곡선 주로의 반경이 넓고, 차속과 차종에 따라 이용할 수 있는 여러 차로가 있어서 내게 맞는 주행을 선택할 수도 있다. 실제 공인 연비에서도 고속도로가 평균 연비보다 15% 이상 더 좋게 나온다.

따라서 고속도로에서는 최고 연비에 도전해 볼 수 있다. 브레이크를 안 밟고 간다고 생각하자. 차속을 줄여야 한다면 이미 주행속도가 높아서 공기저항이 꽤 크기 때문에 액셀 페달에서 발만 떼도 충분히 감속할 수 있다. 요금소나 나들목에 진입해야 한다면 미리 관성 주행을 해서 천천히 차속을 줄여가는 것이 좋다.

관성 주행의 핵심은 충분한 안전거리의 확보다. 긴급 상황이 발생하면 제동거리가 문제다. 따라서 차속에 비례하는 차간거리가 중요하다. 앞 차량이 지나간 지점을 3초 후에 내가 지나간다고 하면 안전한 최소거리를 가늠할 수 있다. 연비를 위해서라면 1.5배인 5초 정도로 간극을 둔다.

과속은 연비에 가장 안 좋다. 주행저항 중 공기저항은 속도의 제곱에 비례하기 때문에 80km/h 이상부터는 차가 받는 저항이 기하급수적으로 늘어난다. 더욱이 최고단에서 엔진 rpm이 증가할수록 엔진 효율이 떨어지는 경향을 보인다. 단속 카메라를 생각하면 도로 허용 최고 속도 내에서 주행하는 것이 안전하고 경제적이다.

차량 흐름이 원활하다면 추월은 저속 차량을 피하는 정도가 적당하다. 꼭 추월해야 한다면, 옆 차선으로 완만하게 진입하고 가속 구간을 넉넉하게 두는 것이 안전하다. 과도한 킥다운도 막을 수 있어서 경제적이다. 추월 차로에서 계속 정속 주행하거나 우측으로 과속해서 추월하면, 지정차로제 위반으로 단속될 수 있으니 주의한다.

안전거리 환산법

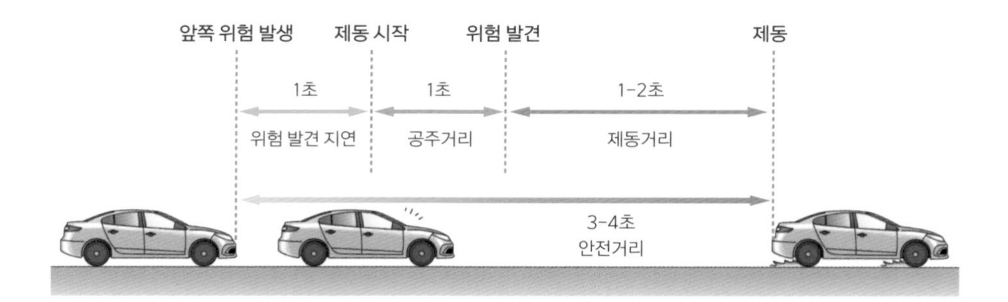

안전거리는 시간으로 환산하는 것이 편리하다.

지정차로제

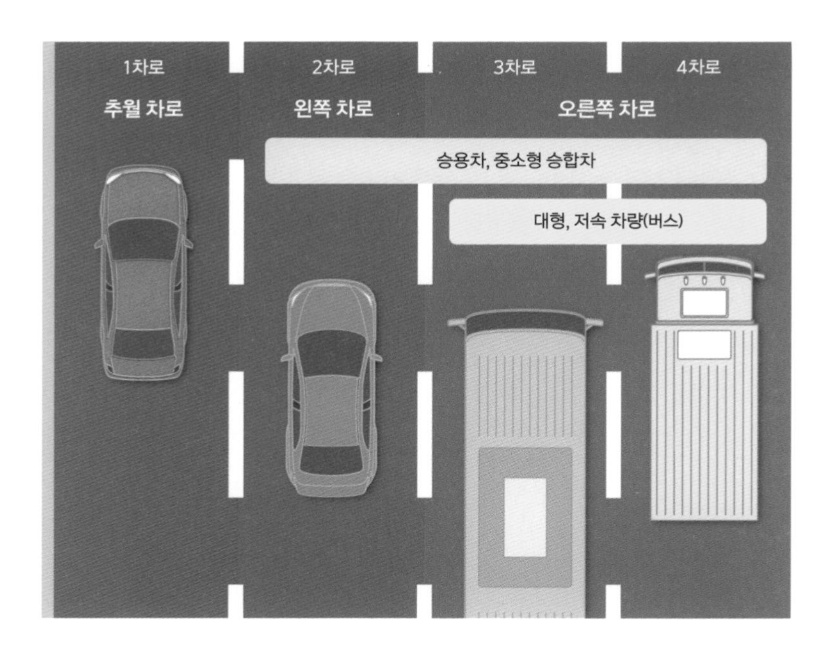

지정차로제를 설명한 그림. 추월하고 나면 다시 정속 차로로 돌아와야 한다. 그렇지 않으면 단속될 수 있다.

3-19

트렁크에 실린 짐을 줄여보자

모르는 사이에 당신의 기름을 잡아먹고 있는 짐들

어디로 이동한다는 것은 무언가를 하기 위한 것이고, 무언가를 하는 활동에는 필요한 물품들이 뒤따라온다. 누구나 필요한 물건들을 모아두는 나만의 창고는 필요하다. 그래서 사적인 공간인 동시에 이동이 편하고 보안도 우수한 자동차 트렁크에는 항상 많은 짐이 쌓이기 마련이다.

무게와 연비의 관계는 여러 번 설명했듯이, 너무 직접적이다. 자동차 무게가 15kg 정도 늘어나면 연비는 1% 나빠진다. 트렁크에 잠들어 있는 운동 장비들이나 캠핑 장비들은 내가 출퇴근하고 일상을 사는 내내 연료 탱크의 기름을 잡아먹고 있는 셈이다. 연비를 절약하고 환경도 살리는 가장 쉬운 방법이 트렁크를 비우는 일임을 상기하자.

최근에는 자동차 제조사들도 경량화에 집중하고 있다. 예전 차량에는 트렁크 하단에 기본으로 적재돼 있던 스페어타이어를 경량형인 임시 타이어나 수리 키트로 대체했다. 20kg에 달하는 정규 타이어를 10kg인 경량형이나 수리 키트로 바꾸면 그만큼 연비도 개선할 수 있다. 더불어서 트렁크 밑 공간을 활용해 LPG 연료 탱크를 그곳에 넣어 필요할 때 트렁크 공간을 넓게 쓸 수 있는 차량도 많아졌다.

차량 트렁크는 보안과 밀폐성이 우수하지만, 외부에 주차하면 온도 변화가 심하다. 또한 주행 중에는 진동이 계속되기 때문에 물건을 오래 보관하기에는 적합하지 않다. 트렁크 쪽 무게가 무거우면 연비가 나빠질 뿐만 아니라, 차량 주행 밸런스에도 좋지 않아서 곡선 주행을 하면 뒤 쏠림도 커진다. 지금 트렁크를 열고, 오늘 쓰지 않을 물건들은 당장 정리하자. 자동차 트렁크는 공짜 창고가 아니다.

짐으로 가득한 트렁크

트렁크가 짐으로 가득하면, 나도 모르는 사이에 기름을 잡아먹는다.

타이어 수리 키트

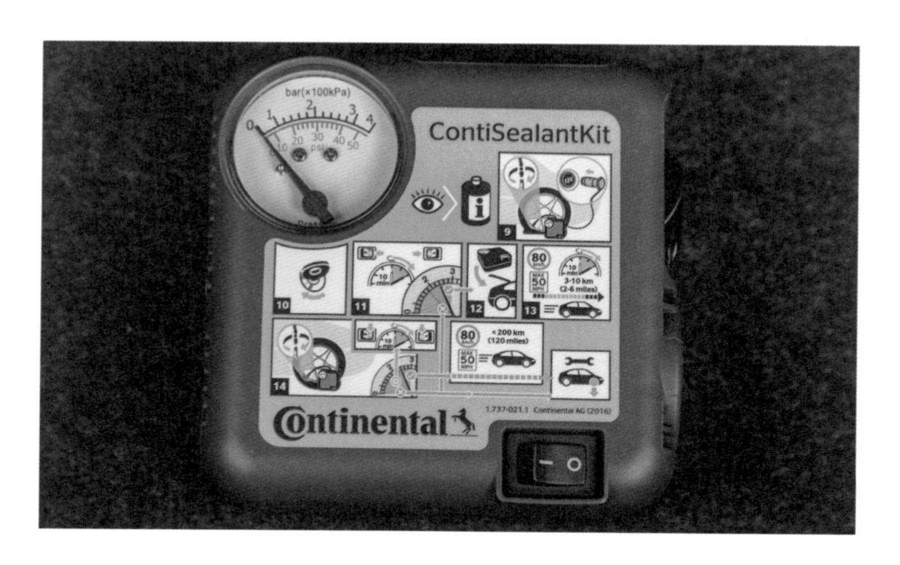

정규 타이어를 대체하는 타이어 수리 키트. 트렁크 무게 감량에 큰 도움이 된다.

3-20

주유할 때, 가득 넣지 말자

많이 넣은 만큼 무거워져서 연비에 손해이며 번거롭다

주유소를 들러서 기름을 채우는 일은 번거롭다. 그래서 기름값이 싼 주유소를 찾으면 한 번에 가득 넣는 경우가 있다. '셀프 주유'를 하면 연료 주유기에 레버를 걸어두고, 자동으로 딸깍하면서 주유가 정지되면 조금 더 주유하곤 한다.

연료 주유기에서 주유량을 측정하는 데 벤투리관을 이용한다. 주유 노즐에는 연료가 공급되는 메인 관 아래에 조그만 관이 하나 더 있는데, 탱크로부터 빠르게 연료가 주입되면 생기는 압력 때문에 벤투리관 쪽은 진공에 가까운 낮은 압력이 된다.

이때 주둥이 끝부분까지 연료가 차오르면 벤투리관을 통해 연료가 거꾸로 올라와서 개폐 스위치를 작동시킨다. 그러면 주유가 멈춘다. 이는 이미 노즐 끝부분까지 연료가 다 차올랐다는 의미이므로, 1L 이상 추가 주입하면 넘친다. 안전을 위해서라도 추가 주유는 최소화해야 좋다.

주유를 막 시작하는 시점에 개폐 스위치가 작동하는 경우도 있다. 주유소 탱크에서 보내는 연료의 흐름이 너무 빨라 탱크 안의 공기가 밀려 나오면서 벤투리관으로 유입돼 생기는 현상이다. 주유를 일단 시작한 후에 레버를 조금 약하게 고정하면 해결된다. 같은 원리로 연료 탱크 안의 압력이 높아지는 여름철에는 다 차지 않아도 멈출 때가 있다. 충분한 양을 주유했다면 너무 꽉 채우지 않는 것이 안전하다.

자동차 연료 탱크의 용량은 차종에 따라 다르지만 보통 60~70L 정도다. 주유소에 들러서 가득 채우면 절반 정도 채울 때보다 30kg 이상을 더 싣고 다니는 것과 같다. 차의 전체 무게가 2t이 조금 안 되니까 약 1~2% 정도 연비가 그대로 나빠진다.

아침에 주유하면 유리하다는 말이 있다. 주유소에서는 기름 부피를 기준으로 판매하는데, 아침에는 온도가 낮아서 같은 양이라도 부피가 작기 때문이다. 경제적으로 유리하긴 하지만, 사실 큰 차이는 없다.

주유구의 내부 구조

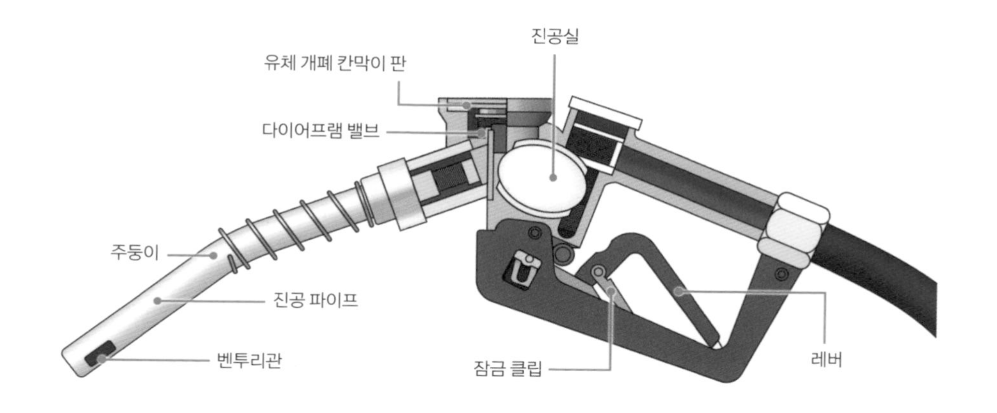

연료가 가득 차면 벤투리관으로 공기가 올라오면서 자동으로 닫힌다.

주유량과 연비

가득 주유하면 그만큼 무거워서 연비에 손해다. 다만 자주 주유하는 번거로움을 조금 덜 수 있다.

3-21

경고가 뜨기 전에 미리미리 주유하자

주유 경고등이 떠도 50~60km 정도는 갈 수 있다

차를 타고 가다가 주유 경고등이 뜨면 누구나 당황하기 마련이다. 연료가 다 떨어져서 차가 멈추지 않을까 두렵겠지만, 너무 걱정할 필요는 없다. 경고등이 뜬 이후에도 주유소를 찾아갈 수 있도록 경고등은 탱크에 남은 연료가 전체 용량의 10% 남짓일 때 들어온다.

일반적인 중형차의 연료 탱크가 70L 정도이고, 연비를 12km/L라고 계산하면 경고등이 들어오고도 84km 정도는 주행할 수 있다. 차가 작으면 탱크도 작지만, 연비는 그만큼 좋아서 최소 60km 정도를 갈 수 있도록 설계돼 있다. 다만 남은 구간이 시내 주행이냐 고속도로 주행이냐에 따라서 연비에 차이가 날 수 있으므로, 현재 자신이 어떤 주행을 하는지 고려해서 트립 컴퓨터에 표시된 연비 기준으로 계산하는 것이 더 정확하다.

연료 탱크에 남아 있는 연료는 대부분 부력 센서로 측정한다. 주행이 계속되고 연료 수위가 점점 낮아지면, 저항값이 변하면서 게이지도 함께 변한다. 간혹 경사진 곳에 오래 주차해 두거나 정차해 있으면 게이지가 움직이고 경고등이 들어왔다가 꺼지는 경우가 있다. 정확한 레벨은 평지에서 멈추었을 때 확인할 수 있다.

연료가 부족해서 경고등이 뜬 상태로 주행하면, 적게 실린 연료만큼 가벼워지겠지만 엔진에는 부담이 된다. 연료 탱크 안에서 연료는 계속 출렁이면서 움직이는데, 때때로 연료 펌프가 빨아들이는 위치에서 연료 대신 공기가 들어가기도 한다. 이러면 디젤이나 GDI 같은 고압 분사 시스템에서는 연료 분사압이 흔들리면서 정상적인 연소가 일어나지 않을 수 있다. 또한 탱크 하부에 있는 불순물들이 유입돼 연료 필터가 오염되기도 한다. 차가 너무 배고파하기 전에 미리미리 배부르게 채워주는 것이 성능 유지에 좋다.

주행 가능 거리의 계산법

ℓ × km/ℓ = km

남아 있는 연료량 　 연비 　 주행 가능 거리

예시) 9L × 10km/L = 90km

연료량 측정 장치의 구조

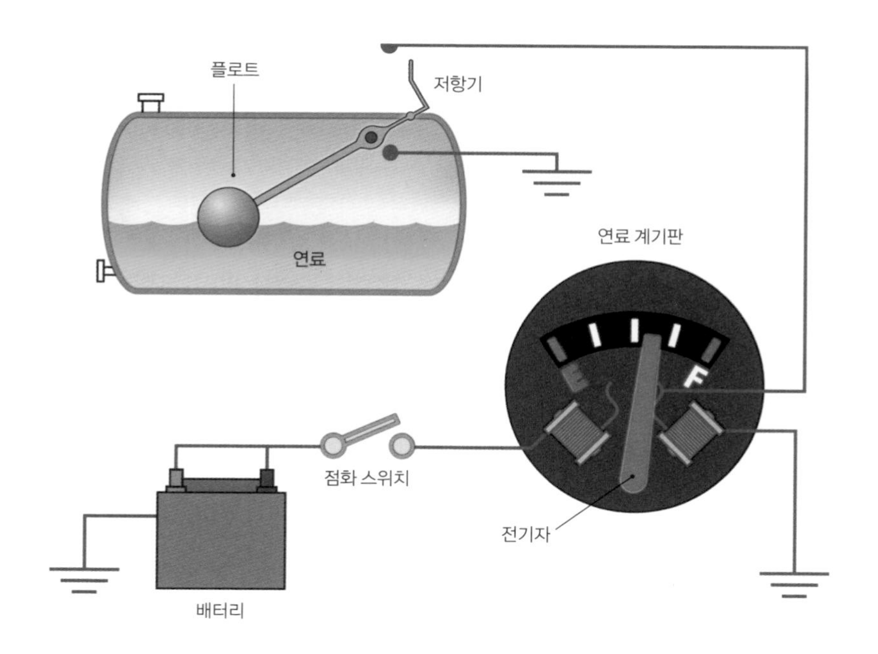

연료량 측정은 보통 부력 센서를 이용한다. (참고 : allegromicro.com)

3-22

연비를 올리고 싶다면 차계부를 쓴다

평소와 다른 연비가 보이면 엔진과 차량 상태를 살펴보자

차를 운행한다는 것은 돈이 참 많이 들어가는 활동이다. 차 가격도 가격이지만, 보험료에 소모품 비용과 수리비 등이 만만치 않다. 그나마 가장 적극적으로 아낄 수 있는 비용이 기름값이다.

연비는 내 차와 내 운전을 그대로 반영한다. 내 차가 이동 목적에 충실한 실용적인 차라면 그만큼 좋은 연비를 보일 것이다. 내가 다니는 길이 덜 막히고, 가다 서기를 적게 하고, 부드럽게 가속하며 브레이크는 최대한 밟지 않고 정속 주행을 한다면, 연비는 좋아질 수밖에 없다.

내가 어떤 길을 가고 어떤 주행을 하면, 연비가 좋아지고 기름값을 아낄 수 있는지 어떻게 알 수 있을까. 간단하다. 기록을 하면 알 수 있다. 거창한 차계부가 아니어도 좋다. 정기적으로 주유할 때마다 트립 컴퓨터에 나온 이전 주유 이후의 주행거리와 주유량, 평균 속도, 기록된 평균 연비를 확인해서 핸드폰 메모장에 기록하면 된다.

이러면 일단 진짜 내 차의 연비와 트립 컴퓨터의 연비를 비교할 수 있다. 그리고 지난 주유 이후 주행 기간에 다녔던 길들을 되짚어 보면서 시내 주행과 고속도로 주행의 비율을 생각해 본다. 그러면 주행 패턴이 연비에 어떤 영향을 주는지 추측해 볼 수 있다. 같은 곳을 가더라도 코스를 다르게 하거나 출발 시간을 달리해 보면 어느 쪽이 더 경제적인지 확인해 볼 수 있다. 에어컨을 더 틀거나, 무거운 짐을 트렁크에 싣고 다녀도 곧바로 그 영향이 연비에 드러난다.

다른 큰 변화가 없는데도 갑자기 연비가 10% 이상 나빠졌다면 엔진 상태를 의심해 볼 필요가 있다. 엔진 오일이나 냉각수 같은 기본 소모품의 상태를 확인해야 한다. 디젤 엔진은 DPF가 막히면 재생 모드에 자주 들어가서 연비가 나빠지는 경우도 있다. 이때에는 AS 센터를 방문해서 점검을 받아봐야 한다.

연비 계산 방법

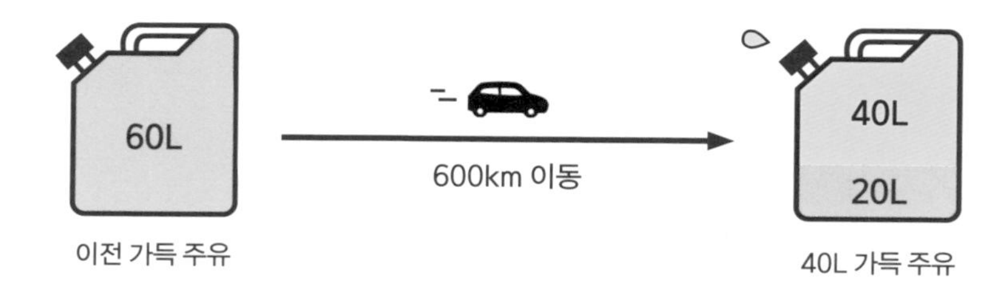

$$\frac{\text{이동거리 600km}}{\text{연료 사용량 40L (이전 60L - 남은 20L)}} = \text{연비 15km/L}$$

디젤 차량의 DPF

디젤 차량의 평균 연비가 갑자기 나빠졌다면 DPF가 재생 모드에 자주 들어가는 건 아닌지 확인할 필요가 있다. AS 센터에 가서 강제 재생을 받으면 개선된다.

3-23

주유소마다 가격이 다른 이유를 파악한다

공급가와 소비자 차별에 따라 결정되는 주유 가격

비슷한 지역에 있어도 주유소마다 가격은 천차만별이다. 일반 주유소는 소위 자영업자다. 그에 반해 직영 주유소는 정유 회사가 직접 운영한다.

고속도로 휴게소나 지방에 보이는 알뜰 주유소는 정부가 주도하는 형태로 공공기관이 정유사에서 기름을 공동 구매하거나, 수입 석유를 관세 혜택을 받아 주유소에 공급한다. 개별 주유소들의 유류 공급선의 한계를 정부가 보조하는 셈이다. 한국석유공사의 자영 알뜰 주유소, 한국도로공사의 고속도로 주유소(ex-OIL), 농업협동조합의 농협 주유소(NH-OIL)라는 세 가지 형태로 전국에 약 1,180곳이 영업 중이다.

오피넷에 공지된 가격을 보면, 알뜰 주유소의 가격이 일반 정유소에 비해 저렴하다는 사실을 확인할 수 있다. 이들이 유리한 조건에서 기름을 공급받기 때문이다. 각 주유소의 기름 가격은 정유 공장과의 거리와 운송비, 주유소 주변의 지가와 인력 고용 형태에 따라 달라진다. 인천이나 울산 같은 큰 항구도시의 유가가 상대적으로 저렴하고, 관광지나 서울 지역은 유가가 비싼 것도 이런 경향을 반영한다.

일반 주유소는 자영업 형태로 운영되기에 가격을 조금 더 탄력적으로 조절할 수 있다. 정유 회사에서 관리하는 직영 주유소는 가격이 조금 더 비싸지만, 연료를 한 정유사에서 공급받으므로 믿을 수 있고, 연료에 들어가는 첨가제도 일정하게 유지돼 품질이 균일하다는 장점이 있다.

한 물품의 시장가는 대개 시장 논리, 즉 수요와 공급이 결정한다. 따라서 주유소를 주로 이용하는 소비자 성향에 따라서도 기름값은 달라진다. 예를 들어 상대적으로 고소득의 소비자들은 고유가가 지속되더라도 주유에 거리낌이 없을 것이다. 또 법인 차량의 운전자도 고유가를 크게 신경 쓰지 않을 가능성이 크다. 두 경우 모두, 주유소가 굳이 가격을 낮춰 팔 이유가 없다.

시도별 평균 휘발유 가격

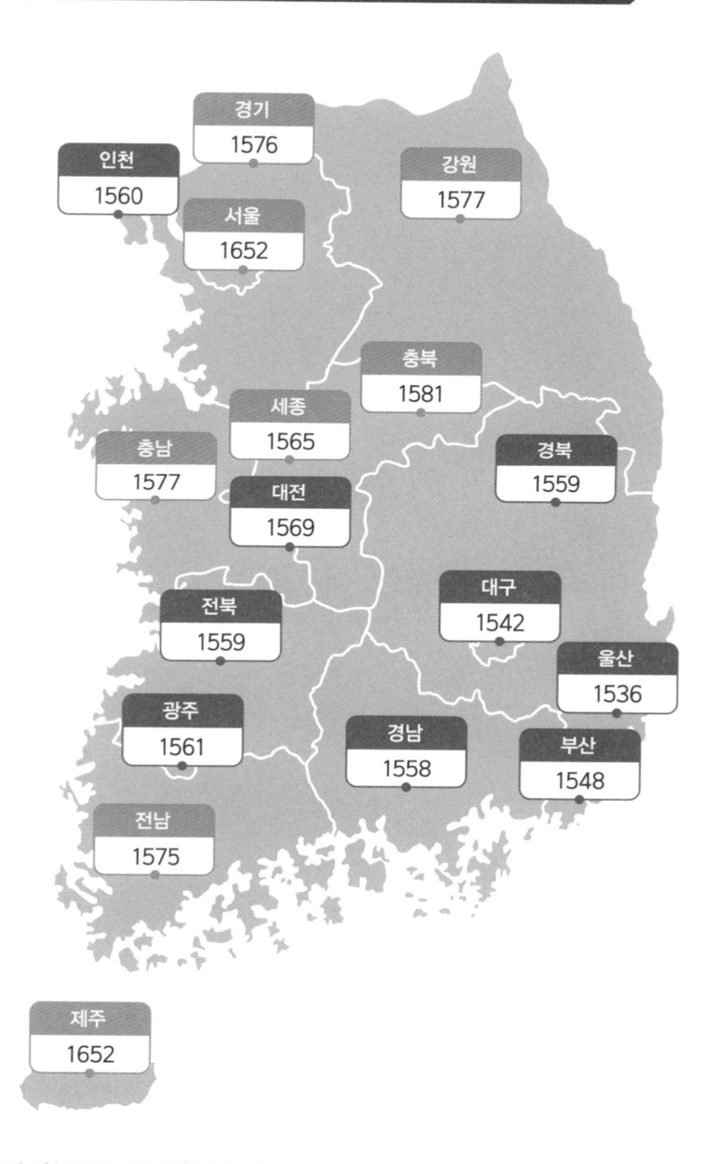

오피넷 2023년 1월 27일 기준 평균가. 알뜰 주유소가 40원 정도 더 저렴하다. 지역별로는 울산, 부산, 인천 등 정유사가 있거나 항구가 있는 곳이 상대적으로 더 저렴하다.

3-24

기름값의 정체를 알아두자

유종에 따라 상황이 다르고, 붙는 세금도 차이가 난다

2022년 우크라이나 전쟁으로 국제 유가가 요동치면서 경유 가격이 휘발유 가격을 추월한 적이 있다. 우리나라 기름값은 이렇듯 국제 정세의 영향을 많이 받는다.

기름값은 어떻게 정해질까. 원유 혹은 국제 휘발유나 경유 가격(46%)에 3% 관세를 더하고, 석유 수입 부과금(16원/리터), 정유사와 주유소의 유통 비용과 마진, 세금 등이 붙으면 기름값이 정해진다. 우리나라는 세금이 꽤 많이 붙는다. 교통에너지환경세, 교육세, 주행세는 2023년 1월 기준으로 휘발유에 559원, 경유에 336원이며 최종 가격의 10%가 부가세로 붙는다. 휘발윳값의 약 45.6%, 경윳값의 약 30.4%가 세금이다.

경유는 세금 자체가 낮다. 개인이 주로 타는 승용차는 휘발유를 연료로 많이 쓰지만, 산업용이나 운송용 차량의 대부분은 경유를 사용하기 때문에 정부 입장에서는 부담을 줄이고 지원을 해주려고 휘발유와 경유의 세금에 차등을 둔다.

국제 경유 가격이 폭등해서 경유 자동차를 운행하는 운전자들의 부담이 커졌지만, 함부로 혜택을 늘리지 못하는 것은 이미 유류세에 경유차에 대한 혜택이 포함돼 있기 때문이다. 2019년에 대비해서 경유는 37%, 휘발유는 25% 이상 세금을 줄인 상황이라 여력이 없다. 우리나라의 유류세 징수액은 두 차례나 감면을 거친 2022년에 11조 원으로 전체 국가 1년 예산 600조의 2%에 해당한다.

LPG 가격은 국제 유가에 영향을 받지만, 용도별 소비 현황에 더 많은 영향을 받는다. 가정용, 상업용, 산업용, 발전용 등 용도와 비중에 따라 자동차에서 소진할 수 있는 양이 변한다. 이런 이유로 정부는 세금 정책을 이용해 LPG 가격을 조정한다. 가격 조정을 통해 소비를 촉진하거나 제한하는 것이다. LPG 차량을 일반 소비자도 구매할 수 있게 허용한 정책도 같은 맥락에서 이뤄졌다.

유종별 유류세 (단위 : 원/L)

제품	유류세				판매부과금	부가세
	교통세	개별소비세	교육세	주행세		
보통 휘발유	396.7		교통세의 15%	교통세의 26%	–	10%
고급 휘발유	396.7				36	
선박용 경유	238				–	
자동차용 경유	238				–	
등유	–	63	개별소비세의 15%	–	–	
일반 프로판	–	14	–	–	–	
일반 부탄	–	176.4	개별소비세의 15%	–	62.28	
자동차용 부탄	–	103.02		–	36.37	
중유	–	17		–		

2023년 1월 27일 기준 유종별 유류세 현황. 경유가 휘발유보다 세금을 덜 낸다.

2022년 상반기 LPG 용도별 소비 현황 (단위 : 1,000t)

구분		가정상업	수송	산업	석화	계
프로판	22년 상반기	1,025		588	2,324	3,937
	21년 상반기	929		503	1,987	3,419
	증감률	10.3%		16.9%	17%	15.2%
부탄	22년 상반기	35	1,229	85	451	1,800
	21년 상반기	46	1,258	75	384	1,763
	증감률	△23.9%	△2.3%	13.3%	17.4%	2.1%
계	22년 상반기	1,060	1,229	673	2,775	5,737
	21년 상반기	975	1,258	578	2,371	5,182
	증감률	8.7%	△2.3%	16.4%	17%	10.7%

(출처 : 한국석유공사)

LPG 용도별 소비 현황. 상황에 따라 세금을 달리해서 수요를 바꾼다.

Column

연비 측정에 쓰는 주행 모드

자동차 주행 모드의 발전은 연비보다 자동차 배기가스 규제로부터 시작됐다. 1970년대 악명 높은 LA 스모그로 큰 피해가 발생하자, 미국환경보호청에서는 LA 시내 주행 패턴을 기반으로 FTP-75라는 기본 모드를 만들었고, 이를 배기가스 규제 기준에 쓸 주행 모드로 삼았다.

한 가지 주행 모드로만 검사하자, 자동차 제조사들이 주행 모드를 피하는 꼼수를 부린 적이 있다. 1995년에 GM이, 1998년에 혼다와 포드가 꼼수를 부리다 적발돼 엄청난 범칙금을 받았다.

이후 기존 FTP 모드를 보완하는 다양한 모드가 개발돼 인증 시험에 적용됐다. 기본이 되는 FTP 모드는 정차한 후에 중속 모드를 반복하는 형태로 개선됐다. 교외에 있는 운전자가 자택에서 국도를 타고 나와 시내에서 일을 보고 난 후에 다시 시동을 걸고 집으로 돌아오는 패턴을 그대로 재현했다.

시내 주행뿐 아니라 고속 주행, 급가감속 등 연료가 많이 필요해서 연비나 배기가스 배출 측면에서 불리한 모드들도 추가했다. 에어컨같이 추가적인 부하가 필요한 경우에 대해서도 별도 모드를 만들어 영향을 확인한다. 그리고 외기온도 섭씨 영하 6.7도인 조건에서 FTP-75 모드를 주행해서 나오는 결과도 모아 복합 연비로 계산한다.

유럽은 그동안 NEDC(New European Driving Cycle)라는 단순한 정속 주행 모드를 사용하다가, 2015년에 폭스바겐 디젤 게이트가 터지자 실도로 주행 사이클에 맞는 WLTP(Worldwide Harmonised Light Vehicles Test Procedure) 모드로 업그레이드했다. 우리나라 배기가스 규제는 가솔린의 경우 미국 방식을, 디젤의 경우 유럽 방식을 따르지만 연비는 미국의 5-cycle 방식을 기준으로 한다.

4장

연비에 영향을 주는 엔진의 특징

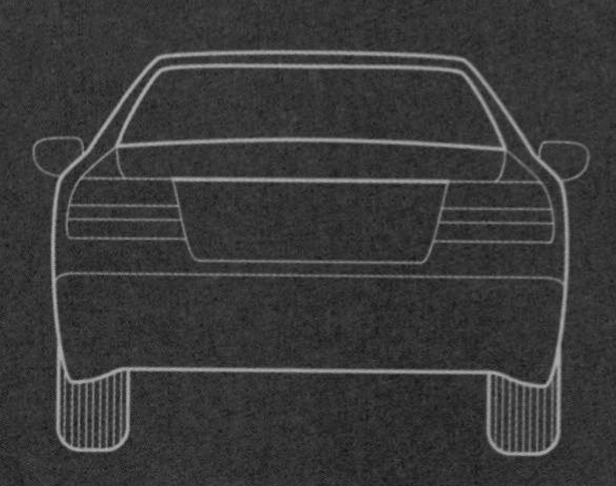

4-01

린번 엔진, 연료 하나도 놓치지 않는다

연료보다 공기를 많이 넣으면 연료를 다 쓸 수 있다

연비에 있어 핵심은 분사한 연료를 모두 연소에 사용해서 에너지로 전환하는 것이다. 흡기 포트를 통해 들어온 공기와 연료 사이의 이상적인 비율은 14.7 : 1이며, 대개 이에 맞춰 연료를 분사하고 점화해서 폭발시킨다.

린번(lean burn) 엔진은 이런 공연비보다 훨씬 더 공기가 많은 상태(22 : 1)에서 작동하는 엔진을 말한다. 공기가 연료에 비해 많은 상태이므로 분사된 연료는 확실히 연소하며, 효율 자체가 좋아진다. 연소의 안전성이 중요한 시동이나 가속 상태에서는 일반 엔진과 동일하게 작동하다가 안정적인 주행에서는 필요한 것보다 공기를 더 넣어서 연료 소모를 줄이는 방식으로 높은 연비를 보였다.

린번 엔진은 연료가 부족하면 제대로 점화가 안 되는 단점이 있었다. 이를 개선하려고 흡기 장치에 별도의 와류(tubulance) 밸브를 설치해서 연료가 많이 섞인 공기가 점화 플러그 주변에 모여 있도록 연료 혼합기의 흐름을 제어했다. 그렇게 점화 플러그 주변에서 일단 폭발이 일어나고 나면, 주변에 있던 희박한 연료들도 충분히 태울 수 있다.

한때 린번 엔진은 기름을 한 번만 넣어도 서울에서 부산까지 간다고 광고한 덕에 유명세를 치렀지만, 배기 규제가 엄격해지면서 시장에서 사라졌다. 공기가 더 많은 조건에서는 배기가스에 있는 질소산화물을 가솔린 엔진의 삼원 촉매로 정화할 수 없기 때문이다. 지금은 촉매에 탄소 농도가 높을 때만 연료 분사량을 의도적으로 낮추는 제어에 활용할 뿐이다.

린번 엔진의 구조

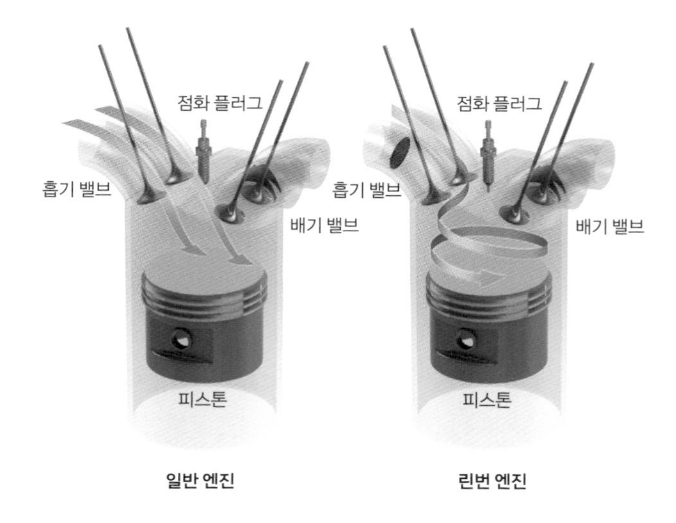

린번 엔진은 연료를 확실히 연소해서 효율을 올린다. (참고 : doopedia.co.kr)

공연비에 따른 토크/연비/배기가스 그래프

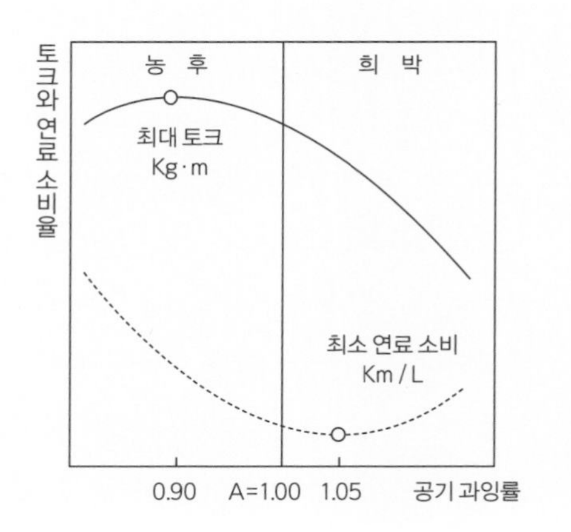

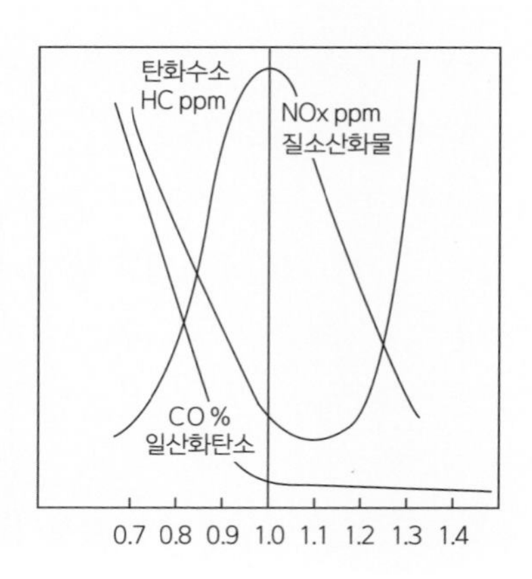

희박하면 연비가 좋지만, 질소산화물을 막을 수 없다. (출처 : 선우명호, 《자동차 공학 개론》)

4-02

GDI 엔진, 연료를 실린더 안에서 직접 쏴준다

미리 섞을 필요가 없는 만큼 더 많은 공기를 받아서 활용할 수 있다

린번 엔진이 실패한 가장 큰 이유는 연소의 불안정성 때문이었다. 연료를 흡기 포트에서 분사해 미리 공기와 섞었다가 밸브를 열어 빨아들이는 방식으로는 연료량과 분포를 섬세하게 제어하기가 어렵다. 그 대안으로 디젤 엔진처럼 직접 실린더 안에서 분사하는 방식인 GDI(Gasoline Direct Injection) 엔진이 개발됐다.

연료를 실린더 안에 직접 분사하면 여러 장점이 있다. 일단 분사 시기와 양을 자유롭게 조절할 수 있으므로 점화 플러그 주변에 집중적으로 연료를 분사해서 공연비를 높이는 것이 가능하다. 질소산화물 배출이 적은 저부하 정속 주행에서 연비를 개선하는 데 도움이 된다.

연료를 실린더 안에서 쏴주는 만큼, 연료가 섞이지 않은 공기가 흡기 포트를 통해 더 많이 흡입된다. 그만큼 한 번에 낼 수 있는 토크와 출력이 증가한다. 그리고 흡기 밸브와 배기 밸브가 열리는 시기가 겹치더라도 연료가 그대로 배기가스로 나가는 일이 없어서, 밸브 오버랩(valve overlap)을 자유롭게 사용할 수 있다. 이 덕분에 터보차저라고 불리는 과급기 운행에도 제한이 적다.

연료가 분사돼 기화되면서 내부 온도가 낮아지면 노킹의 위험도 줄어든다. 그만큼 엔진 압축비도 늘릴 수 있다. 또한 연료를 일부러 지연 분사해서 연소가 늦게 이뤄지도록 하면 배기가스 온도를 의도적으로 높여서 촉매를 빨리 활성화하는 것도 가능하다. 결국 배기가스 제어에도 유리하다.

이런 여러 가지 장점이 있지만, 단점도 있다. 100bar 이상의 고압 연료 펌프가 필요하고, 인젝터도 정밀 제어가 가능할 만큼 고사양이어야 한다는 점이다. 게다가 디젤 엔진만큼은 아니지만, 연료를 분사할 때 생기는 진동이나 소음도 피할 수 없다. 분사된 연료는 대부분 기화하지만, 일부는 다 타지 못하고 그을음으로 실린더나 인젝터 주변에 쌓이기도 한다.

MPI 엔진과 GDI 엔진 비교

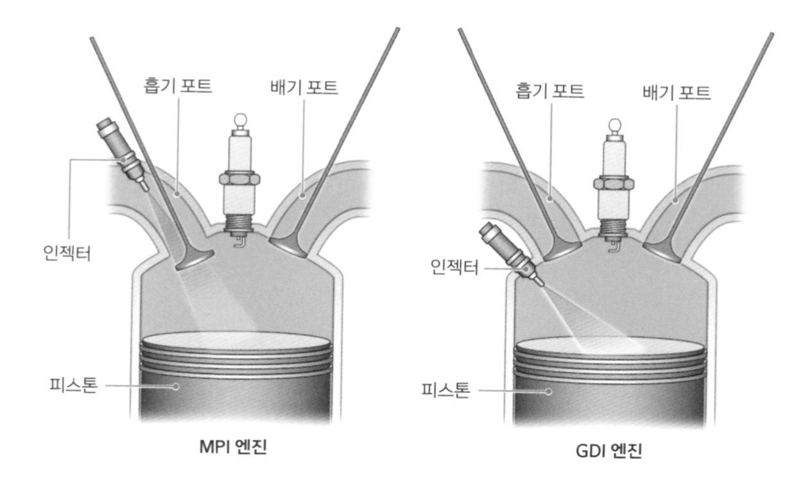

연료를 실린더 안에 직접 분사하면 공연비를 올릴 수 있다. (참고 : doopedia.co.kr)

르노코리아의 가솔린 2.0L 엔진 비교

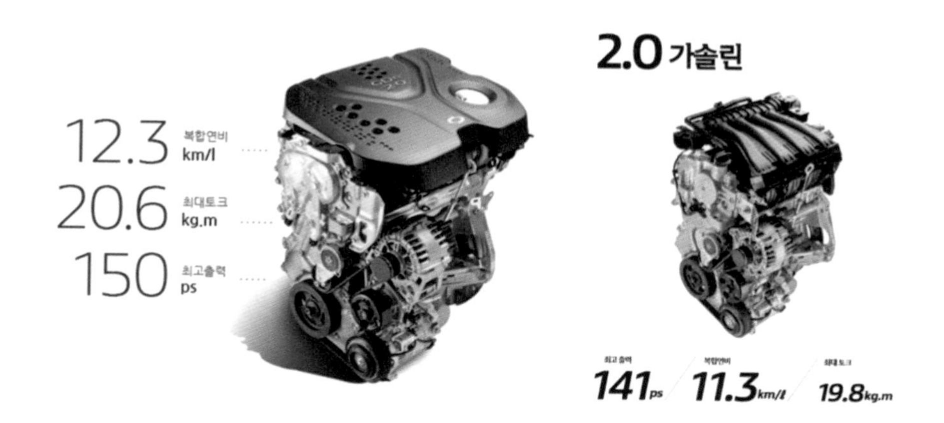

같은 회사의 2L 엔진이지만 모든 면에서 GDI가 우수하다. (출처 : 르노코리아자동차 홈페이지)

4-03

작지만 힘센 터보 엔진

필요할 때만 평소보다 더 많은 공기를 빨아들여 큰 힘을 낸다

운동경기가 체급을 나누듯 엔진에도 배기량이라는 체급이 있다. 배기량이 크면 한 번에 빨아들일 수 있는 공기량도 커져서 한 번에 낼 수 있는 엔진의 힘도 늘어난다. 그래서 고급차의 엔진들은 큰 배기량을 자랑한다. 그런 차들도 엔진이 가진 모든 힘을 낼 때는 거의 없다. 큰 배기량의 엔진으로 일상 주행을 하려면 들어오려는 공기를 억지로 스로틀 밸브로 막고, 낮은 부압 상태에서 피스톤을 힘껏 잡아당겨 늘려야 한다. 모두 에너지를 낭비하는 일이다.

이런 탓에 배기량을 줄인 터보 엔진이 인기를 끌고 있다. 일상 주행에서는 큰 힘이 필요하지 않으니 작은 배기량의 자연 흡기 엔진처럼 운행하고, 진짜 힘이 필요할 때는 과급기를 이용해 공기를 압축해서 배기량이 큰 엔진과 같은 힘을 낸다. 과급기는 폭발 후 배기관으로 나가는 배출가스의 힘을 이용해서 밖으로부터 새롭게 들어오는 공기를 압축하는 원리로 작동된다.

터보 엔진은 1.4~1.5 정도의 비로 압축하기 때문에 1.3L 엔진으로도 2.0L 자연 흡기 엔진과 똑같은 토크와 파워를 내면서도 연비는 10~15% 이상 개선된다. 대신 터보랙(turbo lag)이라고 하는 딜레이가 있고, 정밀한 공기량 제어가 어려워 배기가스 규제에 대응하기가 어렵다.

터보차저와 흡배기의 구조는 복잡해서 가격이 비쌀 수밖에 없다. 그리고 배기가스 자체가 고온고압을 다루다 보니 부품 결함이 있을 때는 엔진룸 안에서 화재가 발생하기도 한다. 주로 디젤에서 사용됐지만 GDI 엔진이 보편화되고, 연비와 관련한 규제가 강화되면서 가솔린 엔진에도 많이 쓰인다. 대형 SUV에는 디젤 엔진이, 모터가 출력을 대신할 수 있는 하이브리드에는 소형 자연 흡기 엔진이, 그 외 세단에는 다운사이징 가솔린 터보 엔진이 대세를 이루고 있다.

과급기의 원리

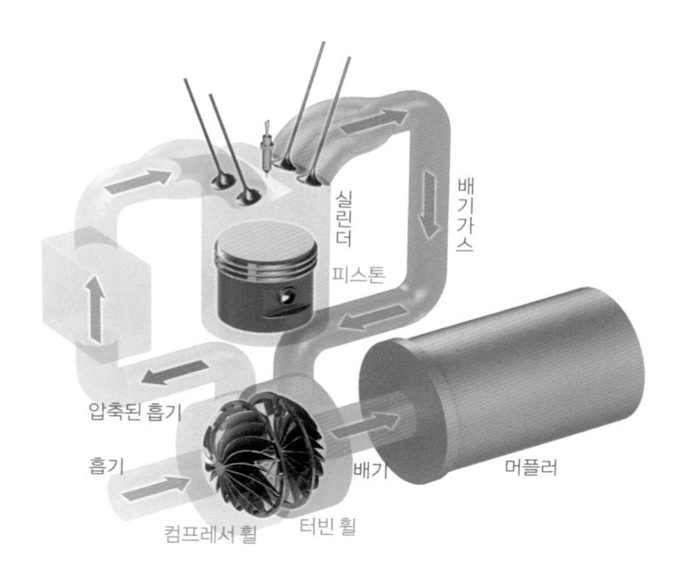

과급기를 이용하면 엔진 배기량을 늘리지 않아도 출력을 높일 수 있다. (참고 : 아오야마 모토오, 《자동차 구조 교과서》)

르노코리아의 일반 가솔린 엔진과 동급 터보 엔진의 비교

	최고 출력	최대 토크
2.0 GDe LE	150ps/5,800rpm	20.6kg·m/4,400rpm
2.0 GDe 2WD LE	144ps/6,000rpm	20.4kg·m/4,400rpm
TCe 260 LE	152ps/5,500rpm	26kg·m/2,250~3,000rpm

표에서 확인할 수 있듯 터보 엔진은 배기량이 작아도 출력과 토크가 더 높다. (출처 : 르노코리아자동차 홈페이지)

4-04

연료를 분사하는 여러 방법

용도마다 연료를 분사하는 방식도 다양하다

1990년대까지만 해도 가솔린 엔진은 카뷰레터라는 혼합기가 흡기 포트에 있었다. 연료를 기화해서 공기와 섞어주는 장치인데, 공연비를 정밀하게 제어하기가 어렵다. 이 탓에 배기가스 규제에 잘 대응하지 못했는데, 결국 지금은 사용하지 않는다.

기본적으로 가솔린 엔진은 연소가 한창 일어나고 있는 폭발 행정 도중에 흡기 밸브 위로 연료를 분사한다. 일단 뜨거워진 밸브에 닿으면 연료 기화가 잘되며, 밸브 자체를 식히고 쌓인 타르도 세척하는 효과가 있기 때문이다. 기화 시간이 충분하기에 3~4bar 정도의 분사압이면 족하다.

GDI 엔진의 경우, 연료를 언제 분사하느냐에 따라 점화 시점마다 실린더 안의 연료 분포가 달라진다. 따라서 좀 더 정밀한 튜닝이 필요하다. 희박 연소에서도 폭발이 안정적으로 일어나게 하려면 점화 플러그 주변에 연료가 모여야 한다. 기화가 잘되지만 점도가 떨어지는 가솔린은 직분사압이 최대 300bar 수준이다.

애초에 기화가 잘되지 않고 고온 압축된 실린더 안에서 연료가 스스로 폭발하는 디젤 엔진의 경우, 연료 분사 시기가 곧 점화 시기다. 압력을 높여서 디젤 연료를 최대한 미립화한 상태로 분사해야 하므로 연료를 관에서 최대 2,000bar로 압축하는 커먼레일 시스템이 보편적이다.

이 시스템에서는 한 사이클 안에서도 분사 시기를 조절하면 폭발 양상을 다양하게 조절할 수 있다. 출력을 최대로 높이면서도 소음을 줄이려고 연료를 여러 번 나눠 분사한다. 또한 DPF 같은 후처리 장치의 재생을 위해 배기가스 온도를 높이려고 아주 늦은 시기에 사후 분사를 하기도 한다. 각 분사마다 의도하는 역할이 다르기 때문에 분사량과 분사 시기를 개별적으로 설정해야 한다. 이 같은 제어를 위해 고압에서도 정밀 제어가 가능한 피에조를 인젝터에 탑재해 사용한다.

GDI 성층화 분사의 원리

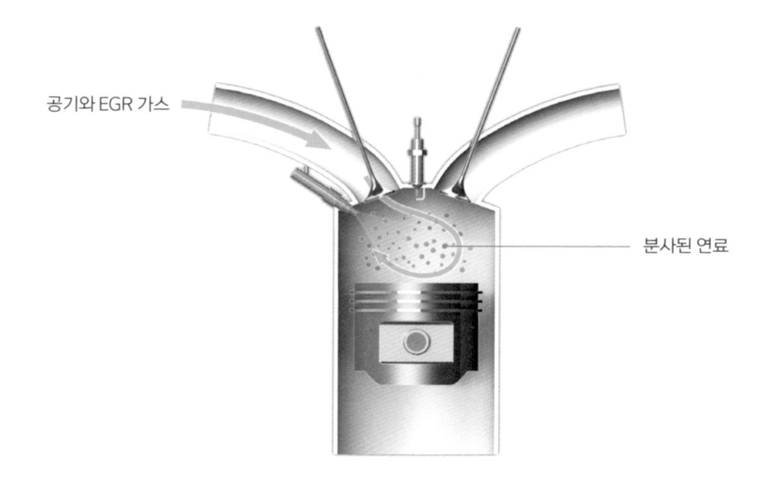

점화 플러그 주변에 기화된 연료가 잘 모여야 한다.
(참고 : S.M. Jameel Basha 외 2인 엮음, 《Emerging Trends in Mechanical Engineering》)

디젤 커먼레일 엔진의 연료 분사

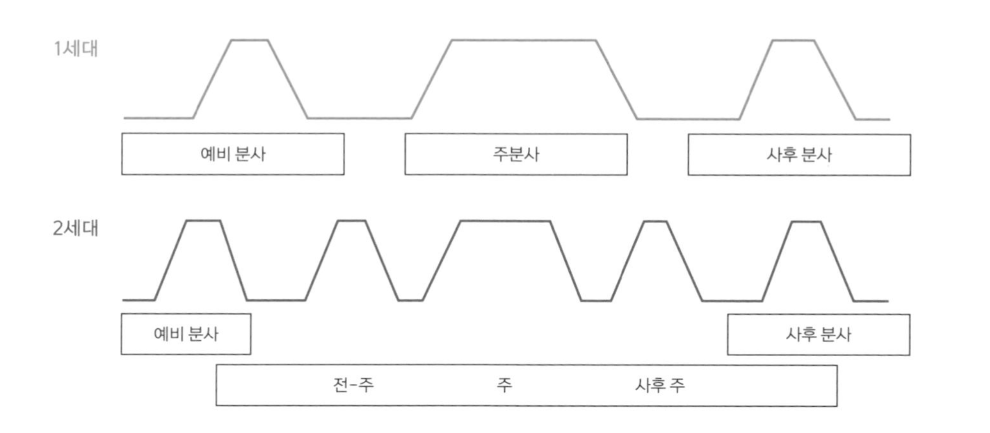

2세대 디젤 커먼레일 시스템에는 연료를 분사하는 다섯 시기가 있다. 시기마다 분사 용도가 다르다.

4-05

MBT, 과하지도 모자라지도 않는 최적의 타이밍

너무 빠르면 엔진이 상하고 너무 느리면 출력이 약하다

엔진은 흡기/압축/폭발/배기라는 총 4단계의 행정을 거친다. 가솔린 엔진의 경우, 점화 플러그에서 언제 스파크를 일으키느냐에 따라서 폭발 행정의 시기가 결정된다. 디젤 엔진이라면 주 분사를 언제 해주느냐에 따라서 결정된다. 그 시점이 언제냐에 따라서 엔진은 전혀 다른 성능을 보인다.

보통 점화 시기는 압축 과정에서 피스톤이 제일 높은 지점인 상사점(TDC. Top Dead Center)에 도달하기 전에 일어난다. 점화를 일찍 할수록 연소가 일으키는 온도 및 압력 상승이 압축을 통해 일어나는 상승과 중복돼서 실린더 내부의 온도와 압력이 가파르게 상승한다.

대신 너무 일찍 폭발이 일어나면, 실린더 내부의 피스톤을 밀어서 바퀴로 동력을 전달하는 폭발 행정 동안에 연소가 다 끝나버리고 실제 전달되는 힘은 줄어들 수 있다. 실린더 내부에서 연료가 자발화(자기 폭발 현상)해서 노킹이 발생하기도 하는데, 이러면 엔진 손상이 발생하기도 한다.

그렇다고 너무 늦게 연소를 지연하면 출력 자체가 떨어지는 현상도 나타난다. 이렇듯 각 엔진 운전 영역에 따라서 최적의 출력을 내는 점화 시기인 MBT가 존재한다. 자동차를 개발할 때는 영역별로 냉각수 온도, 외기온도, 고도 등에 따라 점화 시기를 조절해서 어떤 조건에서도 최적의 효율을 낼 수 있도록 설정한다.

일반 가솔린 엔진의 점화 시기는 대략 BTDC 25도 내외이며 일상 주행 영역은 대부분 MBT에 맞춰 튜닝돼 있다. 그러나 고속 고출력 영역은 연소실 내 온도와 압력이 높아 MBT에 도달하기 전에 노킹이 발생하기도 한다.

점화 각도와 실린더 압력

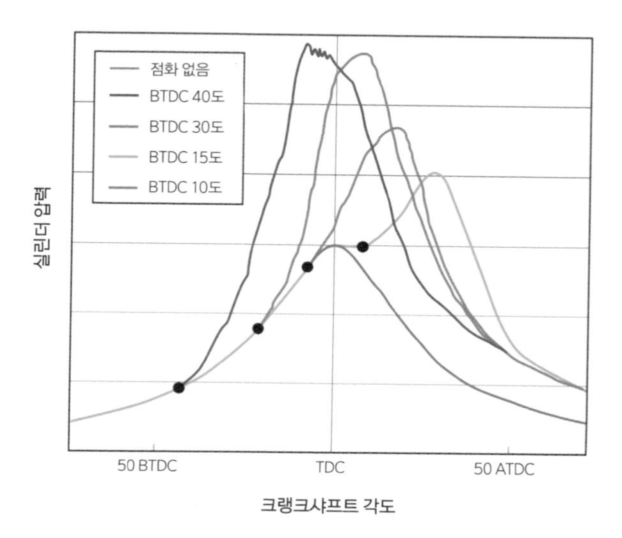

점화 시기에 따른 실린더 압력의 변화. 앞으로 당길수록 최고압은 올라가지만, 너무 당기면 40도일 때의 사례처럼 노킹이 발생할 수 있다.

점화 시기에 따른 성능 및 배기가스 변화

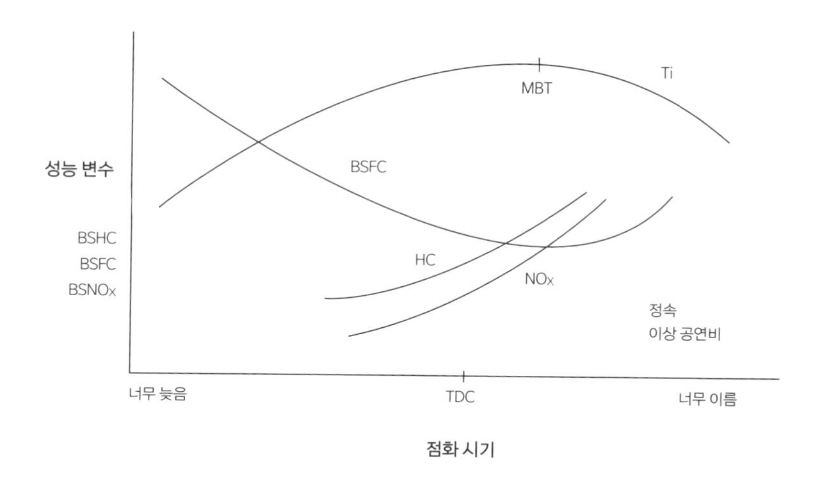

엔진 운전 영역에 따라서 최적의 출력을 내는 점화 시기인 MBT가 존재한다. (출처 : Researchgate 자료)

4-06

엔진 노킹, 최적의 효율로 가는 길을 막는 장애물

가솔린 엔진에서 디젤 엔진 소리가 나면 위험하다

일반적인 가솔린 엔진의 연소라면 점화 플러그에서 시작한 화염이 자연스럽게 벽면으로 퍼져나간다. 점화 시기를 너무 앞으로 당겨서 폭발과 압축이 동시에 일어나면 실린더 내부의 온도와 압력이 급격하게 상승한다. 이때, 점화 플러그에서 시작한 화염이 벽면에 도달하기 전에 벽면 쪽에 있던 연료가 압축 가열돼 폭발하는 상황이 발생하기도 한다. 폭발이 일어나면 엔진에서 디젤 엔진처럼 "탁, 탁." 하는 소리가 난다. 이를 노킹이라고 부른다.

엔진 벽면과 피스톤에는 윤활유가 있고, 차가운 공기층도 있어서 점화 플러그로부터 화염이 와도 충분히 보호된다. 그러나 노킹 현상이 생기면 너무 가까이에서 폭발이 일어나 보호막에 균열이 생긴다. 피스톤과 엔진이 손상을 입을 수밖에 없다.

손상을 막기 위해서 MBT보다 먼저 노킹이 발생하면 점화 시기를 더는 앞으로 당기지 않는다. 또 냉각 수온이나 외기온도가 너무 높은 조건에서는 점화 시기를 지연시켜 실린더 내부의 압력이 과하게 상승하는 것을 막는다.

노킹 현상은 연료에 옥탄이라고 하는 안정적인 화학 성분이 많을수록 덜 발생한다. 어떤 연료의 노킹 발생 정도가 옥탄이 100%인 연료와 같다면, 그 연료의 옥탄가는 100이다. 이를 기준으로 자발화가 덜 일어나는 정도에 따라서 옥탄가 95 이상의 고급 휘발유와 91~94 수준의 보통 휘발유로 나뉜다. 나라마다 법으로 정한 기준이 다른데, 옥탄가가 높을수록 순도가 높고 공정이 더 많이 들어가서 비싸다.

한국에서 생산되는 모든 차량은 보통 휘발유 92를 기준으로 개발된다. 노킹이 발생하면 차량은 엔진의 이상 진동을 감지해서 이상 연소를 확인하고, 점화 시기를 뒤로 늦춘다. 노킹이 반복되면, 차량에 탑재된 컴퓨터 로직은 학습을 통해 지연한 세팅을 계속 적용해서 엔진을 보호한다.

노킹으로 파손된 피스톤

노킹은 엔진과 실린더에 손상을 입힌다.

주유소에서 파는 휘발유 종류

고급 휘발유와 보통 휘발유를 나누는 기준은 노킹을 얼마나 억제할 수 있는지다.

4-07

수입차에는 고급 휘발유를 넣어야 하나?

보통 휘발유를 넣으면 연비는 조금 손해 보지만 그보다 저렴하다

우리나라의 보통 휘발유 옥탄가의 기준은 92다. 국내 차량은 모두 이 기준에 맞춰 개발하지만, 수입차는 제조사마다 다르다. 유럽 사양을 그대로 가져와서 판매하는 볼보의 매뉴얼을 보면, RON 95를 기본으로 사용하고 RON 98을 사용하면 더 좋다고 안내한다. 고급 휘발유를 필수로 넣어야 한다는 의미다. 유럽의 연료 정책이 환경을 위해 RON 95 이상의 휘발유만 사용하도록 규정하고 있기 때문이다. 유럽은 1980년대부터 옥탄가를 규제해 왔고, EU가 출범하자 유럽 전역에서 일괄적으로 이 정책을 적용하고 있다.

이에 비해 미국은 산출하는 방식부터 조금 다르다. 실험에서 측정한 옥탄가인 RON(Research Octane Number) 값과 실제 엔진에서 측정한 MON(Motor Octane Number) 값을 평균해서 산출한 AKI(Anti Knocking Index)로 관리한다. (노킹을 방지하는 기준이라는 뜻이다.) MON 값이 RON보다 낮아서 미국의 주유소에 가면 옥탄가 숫자가 한국보다 보통 낮지만, 기본적으로 88 정도가 한국의 92 보통 휘발유와 같다.

지역별로 차이는 있지만 최소 허용치가 한국과 유사하므로, 미국에서 수입한 차량은 굳이 고급 휘발유를 넣을 필요가 없다. 유럽에서 수입한 차량도 국내 판매를 위해서는 옥탄가 92인 표준 휘발유로 성능 인증을 받아야 한다.

RON 95로 설정된 차량에 보통 휘발유를 넣는다고 해서 노킹 현상이 마구 발생하는 것은 아니다. 노킹이 발생하더라도 차량 컴퓨터가 상황을 학습하면서 점화 시기를 미루고, 이를 통해 보통 휘발유에 맞는 점화 시기를 찾는다. 다만 MBT 시점에서 그만큼 지연되면 연소 효율이 떨어지기 때문에 최고 출력은 3~4%, 연비는 1~2% 정도 줄어들 수 있다.

볼보 S60 매뉴얼

연료 취급

볼보가 권장하는 것보다 더 낮은 품질의 연료를 사용하지 마십시오. 엔진 출력과 연료 소비에 부정적 영향을 미칩니다.

⚠ 경고

연료 증기를 마시지 말고 연료가 눈에 튀지 않도록 주의하십시오.

연료가 눈에 들어간 경우에는 콘택트 렌즈를 제거한 후 다량의 물로 최소 15분 동안 눈을 헹군 후 의사의 진료를 받으십시오.

절대로 연료를 삼키지 마십시오. 가솔린, 바이오에탄올 및 이들의 혼합물, 디젤과 같은 연료는 독성이 매우 높으며 삼킨 경우 영구적인 손상을 초래하거나 치명적일 수 있습니다. 연료를 삼킨 경우에는 즉시 의사의 진료를 받으십시오.

⚠ 경고

지면으로 쏟아진 연료에는 불이 붙을 수 있습니다.

연료 보충을 시작하기 전에 연료 구동 히터를 끄십시오.

연료를 보충할 때에는 절대로 켜진 상태의 핸드폰을 휴대하지 마십시오. 벨 신호로 인해 스파크가 발생할 수 있으며 가솔린 증기가 인화되어 화재나 부상이 발생할 수 있습니다.

ⓘ 중요

다양한 연료 유형을 혼합하거나 권장되지 않는 연료를 사용하면 볼보의 보증 및 보완적 서비스 계약이 무효가 됩니다. 이것은 모든 엔진에 적용됩니다.

관련 정보

- 가솔린 (433 페이지)

가솔린

연료 보충 시 올바른 연료를 사용해야 합니다. 가솔린은 여러 주행 유형에 맞춰 지정된 여러 옥탄가로 제공됩니다.

잘 알려진 생산자의 가솔린만 사용하십시오. 품질이 의심스런 연료는 절대로 사용하지 마십시오. 가솔린은 EN 228 표준을 충족시켜야 합니다.

ⓘ 중요

- 에탄올을 10%(용적 기준) 이하 함유한 연료는 사용할 수 있습니다.
- EN 228 E10 가솔린(에탄올 10% 이하)은 사용할 수 있습니다.
- E10보다 에탄올을 많이 함유한 가솔린(에탄올 10% 초과)(예 : E85)은 사용할 수 없습니다.

옥탄가

- RON 95은 일반 주행에 사용할 수 있습니다.
- RON 98은 좋은 출력과 낮은 연료 소비를 위해 권장합니다.
- RON 95 미만의 옥탄가는 사용하지 않아야 합니다.

+38 °C (100 °F)가 넘는 온도에서 주행할 때에는 채택된 성능과 연료 경제성을 위해 최고 옥탄가의 연료를 사용할 것을 권장합니다.

유럽 기준으로 보통 휘발유 기준을 요청하나 국내 기준과 맞지 않는다.

미국 주유기 모습

미국은 AKI로 관리하지만 연료 특성은 우리나라와 비슷하다.

4-08

VVT 시스템, 밸브를 여는 시점을 상황에 맞게 조절하다

출력과 연비, 배기가스와 연소의 안정성을 모두 잡다

엔진이 한 사이클을 도는 동안 밸브는 새 공기를 받아들이고, 다 탄 가스를 내보낸다. 엔진이 도는 힘을 받아 캠샤프트의 캠이 회전하면서 언제 밸브를 여닫는지를 기계적으로 제어한다. 속도가 빨라져도 일정한 각도에서 밸브가 작동한다.

일반적으로 흡기 밸브는 폭발 후 배기 과정이 거의 끝나는 시점에 열리고, 압축 과정이 시작하는 시점에 닫힌다. 압축 및 연소를 거치는 동안에는 두 밸브 모두 닫혀 있다가 폭발이 끝나는 시점부터는 배기 밸브가 열리고, 흡기 과정 초기까지 열려 있다. 배기와 흡기 과정 사이에서 흡기 밸브와 배기 밸브가 같이 열려 있는 밸브 오버랩이 발생한다.

기존 기계식 밸브는 모든 영역에서 같은 설정으로 작동하지만, 영역대에 따라서는 최적의 설정이 아닐 수 있다. 높은 (엔진) 회전 대역에서는 엔진에 많은 공기가 필요한데, 관성에 의해 공기가 실린더로 모두 흘러 들어가기 전에 흡기 밸브가 닫히면 낼 수 있는 성능이 제한된다. 반면, 밸브를 너무 오래 열어두면 낮은 (엔진) 회전 대역에서는 연소되지 않은 연료가 엔진을 빠져나가 버린다. 공회전에는 연소 안정성이 중요해서 배기가스가 흡기에 유입되지 않도록 해야 하지만, 질소산화물 같은 배기가스를 줄이려면 배기가스 일부를 연소에 포함시키는 제어도 필요하다. 이런 문제들을 해결하기 위해 필요한 것이 가변 밸브 타이밍, 즉 VVT(Variable Valve Timing) 시스템이다. 저속 회전 대역에서는 일반적인 타이밍에 밸브를 여닫고, 고속 회전 대역에서는 개폐 타이밍을 늦춰서 효율을 높인다.

연비 규제가 강화되면서 VVT는 필수가 되고 있다. 두 캠을 옮겨 가면서 조절하는 단순한 VVT 시스템에서부터 특정 영역 대역일 때 캠 로브 사이를 변경하는 기술까지, 제조사마다 고유한 방식으로 최적의 밸브 타이밍을 구현하고 있다.

일반적인 밸브 타이밍 선도

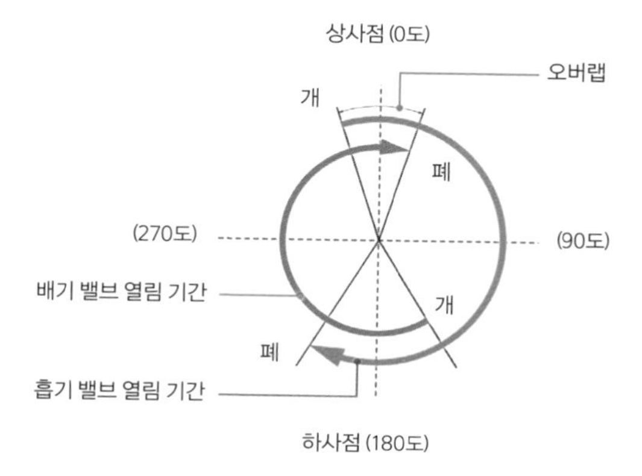

상사점을 0도로 놓고 크랭크축의 회전 각도에 대응해 그린 그래프다. (참고 : 아오야마 모토오, 《자동차 구조 교과서》)

각 운행 조건별 밸브 세팅의 특징

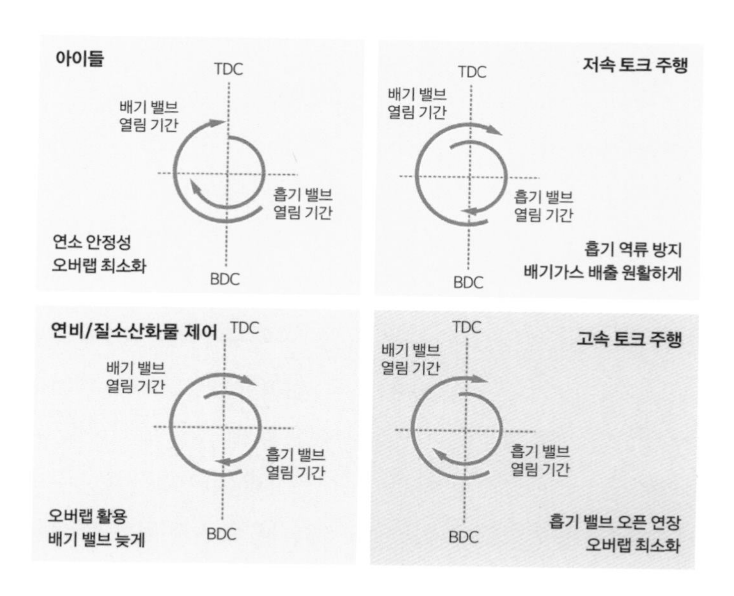

운행 조건이 달라지면 흡기와 배기 밸브가 열리고 닫히는 시간도 달라진다.

4-09

가변 실린더 기술, 불필요한 실린더는 쉬게 하다

큰 엔진으로도 작은 엔진의 연비 장점을 살릴 수 있다

몇백 마력이라고 엔진의 힘을 과시하는 광고도 있지만, 일상 주행에 필요한 엔진 출력은 최대 출력의 20% 내외다. 덩치가 큰 엔진은 20~30마력의 파워를 만들어내기 위해서 엔진의 모든 실린더를 작동할 필요가 없다.

터보차저를 이용한 다운사이징 엔진은 효율성이 좋다는 장점에도 불구하고 반응이 느리다는 단점 또한 있다. 이를 피하기 위해 등장한 기술이 가변 실린더다. 자연흡기인 3~4L 이상의 대형 엔진에서 연비를 개선하려고 탑재한다. 주행 조건에 따라 2/3/4/6기통을 오가며 연료를 효율적으로 사용할 수 있다.

초기 가변 실린더 기술은 연료가 특정 실린더에 들어가지 않도록 밸브를 기계적으로 제어해 주는 방식을 썼다. 그러나 이런 경우, 연소가 되지 않는 실린더를 돌리는 펌핑에 에너지가 많이 필요해서 개선 효과가 반감된다.

요즘에는 밸브를 최대한 열어서 펌핑을 줄이는 대신, 일부 실린더에서 연료 분사 자체가 일어나지 않도록 제어한다. ECU 기능이 발전해서 연료 분사를 실린더별로 제어할 수 있기에 가능한 일이다. 부하에 따라서 4기통을 사이클별로 엔진 밸런스에 맞게 폭발이 일어나도록 한다. 15% 이상의 연비 개선 효과가 있다.

특히 중형차 이상의 하이브리드차라면 가변 실린더 기술이 매우 유용하다. 하이브리드차는 배터리가 방전되면 엔진이 홀로 차량을 끌고 가야 하므로 엔진 크기를 줄이는 데 한계가 있다. 이때 엔진 크기를 줄이지 않고 가변 실린더 기술을 이용하면, 모터와 함께 엔진이 작동할 때 소형 엔진을 작동시킨 것과 같은 효과를 내면서 연비 개선에 큰 도움이 된다. 현재 GM, 크라이슬러, 혼다 브랜드에서 활용 중이다.

가변 실린더 기술의 활용 모습

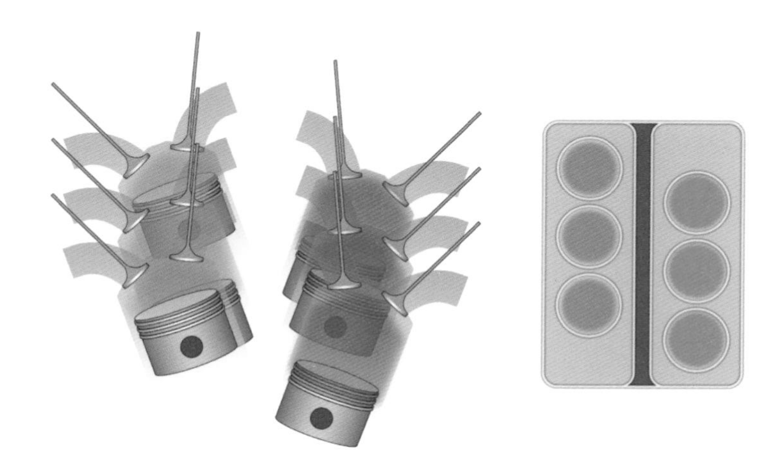

일정한 속도로 순항할 때는 3기통만 이용해 주행한다. (참고 : 아오야마 모토오, 《자동차 구조 교과서》)

가변 실린더의 작동 원리

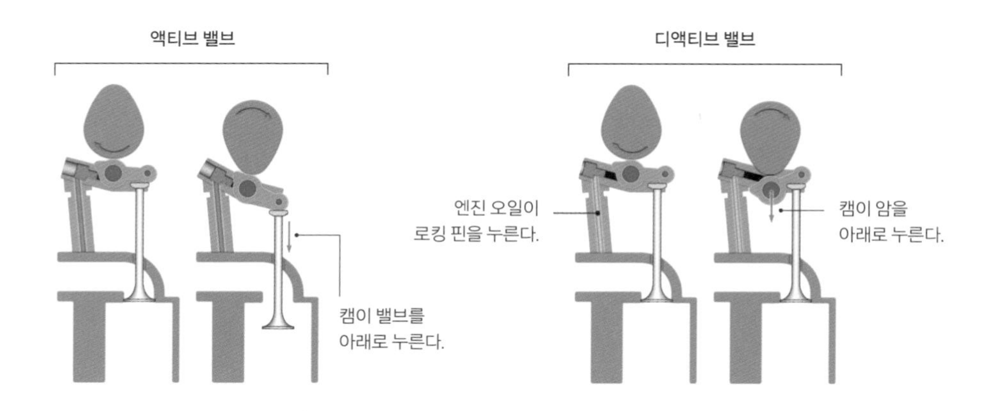

유압을 이용해 안 쓰는 실린더의 흡기 밸브를 닫아준다. (참고 : 델파이 홈페이지)

4-10

엔진을 빨리 따뜻하게 만들려는 노력

자동차도 예열이 돼야 잘 움직인다

밤새 자동차를 세워두면 엔진은 차갑게 식는다. 엔진 오일이 정차 중에 오일 팬으로 흘러 내려와서 피스톤과 실린더 벽면도 빽빽한 상태다. 시동을 걸어도 이미 식은 엔진은 금세 따뜻해지지 않는다.

아직 충분히 예열하지 않는 상태에서 운전하면 그만큼 큰 마찰력을 감수해야 한다. 연소도 불안정하고 연비 측면에서도 손해가 크다. 그래서 되도록 빠르게 예열하기 위한 여러 조치를 한다.

먼저 시동 후 냉각수 온도가 일정 수준 이상으로 올라가기 전까지는 아이들 공회전 시 목표 rpm을 올린다. 추운 겨울철에 시동을 걸면 엔진 rpm이 1,400 내외까지 올라가곤 하는데, 마치 사람이 추우면 손을 비비듯이 가장 안정적이고 부하도 적은 상태에서 엔진을 빨리 예열하기 위한 조치다. 냉각수 온도가 올라가면 평소 수준으로 돌아온다.

연소실 내부의 온도를 높이기 위해서 냉각수 온도가 낮은 영역에서는 점화 시기를 조금 더 앞당기기도 한다. 아무래도 차가운 상태에서는 노킹이 발생할 위험이 적기 때문에 더 진각된 설정이 가능하다. 이때 연소음이 평소와 다를 수 있지만, 예열이 되면 원래 설정으로 돌아온다.

동일한 열에너지로 온도를 빨리 올리려면, 일단 엔진 자체를 데우는 것이 중요하기 때문에 냉각수 온도가 일정 수준 이상으로 오르기 전까지는 냉각을 위한 라디에이터 쪽과 엔진 쪽 영역을 분리한다. 이 역할을 하는 장치가 금속의 열팽창을 이용해서 기계식으로 제어하는 서모스탯(thermostat)이다. 일반적으로 냉각수 온도가 섭씨 75도 이상이 되면 서모스탯이 열리면서 냉각이 시작된다. 요즘은 더 좋은 연비를 위해 작은 히터를 달아주거나, 엔진 실린더 블록 영역만 먼저 데우고 순차적으로 냉각수가 흐르는 영역을 넓히는 전자식 서모스탯을 적용한다.

일반적인 rpm 계기판

냉각수 온도가 낮으면 아이들 rpm이 올라간다.

서모스탯과 바이패스 경로

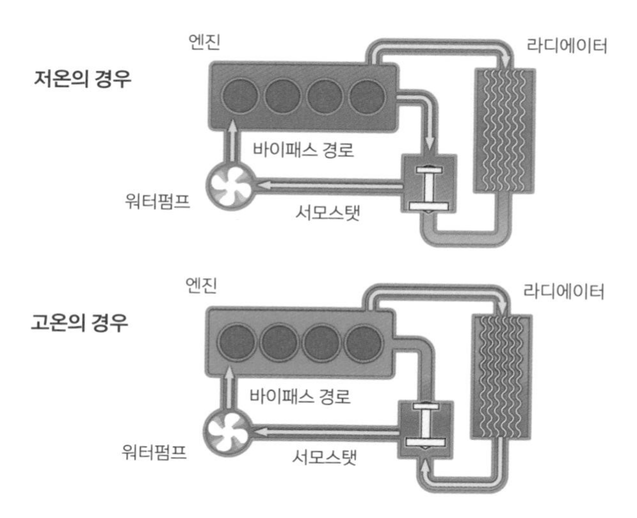

엔진에서 나오는 열로 난방을 하고, 또 너무 뜨거우면 라디에이터에서 팬을 돌려 식힌다. 이 영역을 구분하는 장치가 서모스탯이다. (참고 : 아오야마 모토오, 《자동차 구조 교과서》)

4-11

차가 멈추면 엔진도 멈추는 ISG 기능

불필요한 공회전을 없애지만, 안전을 위해 고려할 사안이 많다

차는 움직이기 위한 장치다. 달리는 차가 신호에 걸려 잠시 멈추면 엔진이 반드시 돌아갈 필요는 없다. 차가 멈출 때 엔진도 멈춘다면 그만큼 연료 소비를 아낄 수 있을 것이라는 아이디어에서 나온 기능이 아이들 스톱 앤 고, 즉 ISG다.

원리는 간단하다. 주행하다가 차량이 멈추면 엔진이 자동으로 꺼진다. 그러다 운전자가 브레이크 페달에서 발을 떼거나, 수동변속기의 경우 기어를 넣기 위해 클러치 페달을 밟으면 다시 시동을 건다. 연비를 1% 올리고, 이산화탄소 2g 정도를 절약할 수 있다.

간단한 원리지만 실제 적용하기는 쉽지 않다. 잠시 속도를 줄였다가 바로 움직여야 하는데, 엔진이 도중에 꺼져버리면 재출발하는 데 그만큼 지연이 생기면서 불편하다. 결국 일정 속도 이상으로 주행하다가 확실히 멈춘 것을 확인한 이후에 시동을 끄도록 차속과 브레이크 신호를 계속 모니터링해야 한다.

보통 변속기는 D단에 고정된 상태에서 작동하기 때문에 일반 첫 시동과 주행 중 스톱 앤 스타트(Stop & Start)를 구분해서 관리하는 로직이 ECU와 변속기 제어장치(TCU) 모두에 들어가 있어서 서로 계속 소통한다.

또 시동을 걸 때마다 엔진에서 진동이 발생한다면 불편하므로 엔진 마운팅도 개선해야 한다. 그리고 시동에 필요한 연료량이 많다면 연비 개선 효과가 떨어지기 때문에 시동 모터도 용량을 키운다.

ISG를 작동시켜도 배터리를 충전해야 하거나, 에어컨 작동처럼 엔진 동력이 필요한 상황에서는 시동이 꺼지지 않는다. 안전벨트를 매지 않았거나 심한 경사면에 차를 정차한 경우에도 안전을 위해 기능이 제한된다. 이런 모든 복잡한 설정에도 ISG가 적용되는 차가 늘어나는 이유는 그만큼 연비 개선이 중요하다는 방증이다.

ISG 기능과 기본 원리

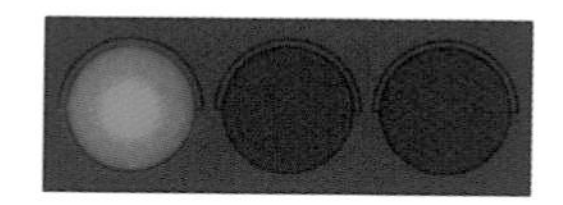

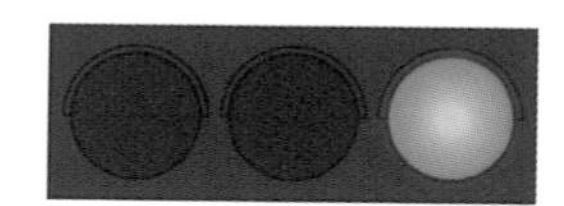

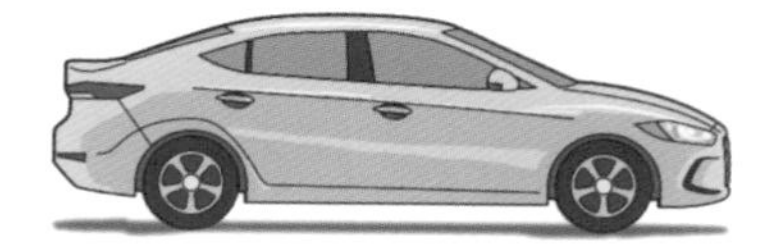

정지하면 엔진이 꺼진다.

주행을 시작하면 엔진이 켜진다.

불필요한 공회전을 막는 장치로 인기를 끌고 있다.

ISG 기능이 제한되는 경우

ISG 기능은 제한이 많다. 심한 교통 체증에는 작동하지 않도록 일정한 차속 이상으로 주행해야 하고, 안전벨트를 매지 않거나 후드 차문이 열린 상태에서도 기능이 제한된다.

4-12

다음 출발을 위해 기다리는 공회전과 퓨얼 커트

가장 에너지를 덜 쓰는 상태에서 대기하는 아이들

공회전, 즉 아이들은 말 그대로 출력이 필요하지 않은 회전이다. 냉각수를 데우고 다음 출력을 기다리는 상태에서는 불필요한 연료 소비를 줄여야 한다. 그럼에도 불구하고 아이들 상태에서 엔진이 출력을 일으키는 목적은 단 하나, 아이들 rpm을 유지하는 것이다. 보통 예열이 되면 600~700rpm 내외로 조절되고, 에어컨을 작동시키거나 다른 부하가 있으면 연소 안전성을 위해 100rpm 정도 더 높여서 엔진 회전수를 유지한다.

rpm을 저속으로 유지하는 데는 많은 에너지가 들지 않는다. 그런 미세한 공기량을 제어하는 것은 스로틀 밸브만으로 하기 어렵기에 ISC라고 하는 바이패스 장치가 붙어 있다. 가끔 스로틀 날개에 낀 타르나 이물질 때문에 소량의 공기량을 제어하지 못하면 아이들 rpm이 불안정해지기도 하는데, 스로틀 밸브 챔버를 세척해 주면 개선된다.

액셀 페달을 밟아서 운전자가 원하는 출력을 입력하면 아이들 상태는 바로 해제된다. rpm이 아니라 운전자가 원하는 토크가 엔진 제어의 목표가 돼서 공기량, 연료량, 점화 시기 등이 거기에 맞춰 설정된다.

자동차가 일정한 속력 이상으로 주행하다가 감속하거나 내리막길을 내려가면, 액셀에서 발을 떼게 된다. 이때 타력 주행이 시작되고, 엔진에서는 퓨얼 커트 로직이 작동하면서 연료 분사를 멈춘다. 바퀴가 엔진을 굴리므로 굳이 연료가 필요하지 않기 때문이다.

퓨얼 커트 상태에서 차속이 점점 줄어들어 엔진 rpm이 1,200rpm 언저리에 도달하면, 아이들 rpm에 연착륙하기 위해 퓨얼 커트는 해제된다. 차속 대비 기어가 너무 높게 설정돼 있으면 rpm이 퓨얼 커트의 리커버리(recovery) 경계에 위치하면서 차량 진동이 커질 수 있다. 자동 변속기는 단수를 낮춰 퓨얼 커트 상태를 유지한다.

정차 중인 차량의 rpm 계기판

정차 중 엔진은 보통 600~700대의 최소 rpm을 유지한다.

타력 주행의 이점

내리막에서는 N단 대신 D단을 놓고 퓨얼 커트를 활용하는 것이 효율적이다. (참고 : 폭스바겐 고객 캠페인)

4-13

DPF, 디젤 차량의 분진을 해결하다

쌓인 분진을 재생하는 데도 연료가 든다

디젤 차량이 까만 매연을 내뿜던 모습은 다 옛날이야기다. 연료 분사 시스템이 개선되기도 했지만, 엄격해진 배기 규제와 이를 맞추기 위해 필수가 된 디젤 분진 필터 DPF(Diesel Particulate Filter) 덕분이다.

디젤 엔진은 연료가 연소실 안에서 직접 분사되고 기화된 후에 공기와 섞여서 연소된다. 이때 다 기화되지 않고 남은 연료 일부가 연소되지 않고 입자 형태로 남는다. 이 탄소 덩어리를 DPF가 청소기의 필터처럼 엔진 배기관 뒤에 붙어서 물리적으로 걸러낸다. 이 작용 덕분에 디젤 엔진은 배기가스 부담 없이 강한 출력을 낼 수 있다.

문제는 쌓인 분진을 주기적으로 청소해 주지 않으면 배기관이 막혀서 엔진이 손상을 입을 수 있다는 사실이다. DPF는 배기가스 온도를 섭씨 600도 이상으로 높여 쌓여 있는 분진을 주기적으로 태운다. 이런 작업을 DPF 재생(regeneration)이라고 한다.

배기가스 온도를 정상적인 연소 온도보다 높게 만들려면 연료가 더 필요하다. 가솔린 엔진의 점화 시기에 해당하는 연료 분사 시기를 뒤로 미뤄서 되도록 연소 현상 자체가 후반부에 일어나도록 조절하기도 한다. 출력이 부족한 시내 주행에서는 엔진 내 연소만으로는 온도를 유지하기 어렵기에 폭발 행정이 끝나가는 시점에 늦은 후분사를 한 번 더 해서 배기관 내 산화 촉매에서 한 번 더 연소가 일어나도록 조절하는 것이다.

이 모든 작업이 연비에는 손해다. DPF 재생을 하면 일반 주행 대비 30~40% 연비가 나빠진다. 주행 중 평소와 비교해 연비가 나빠지고 연소 소음이 달라지면 재생 중일 경우가 많다. 디젤 차량의 공인 연비는 DPF 재생의 빈도와 연비가 나빠지는 정도를 측정해서 정상 주행 결과에 보정한 값으로 발표한다.

DPF 모형과 원리

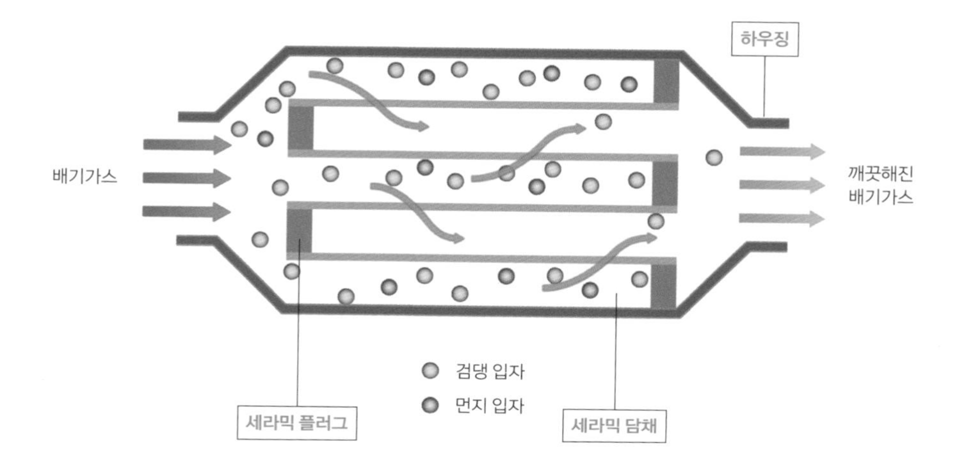

탄소 덩어리를 DPF가 청소기의 필터처럼 엔진 배기관 뒤에 붙어서 물리적으로 걸러낸다.
(참고 : 보쉬 홈페이지 및 KIXX 블로그)

재생 후 DPF 내부

DPF 재생을 하면 까맣게 덮였던 탄소 덩어리들이 깨끗이 탄다.

4-14

EGR, 배기가스를 다시 연소실로 되돌려 사용하다

폭발 과정을 부드럽게 만들어 질소산화물을 줄인다

디젤 엔진은 공기가 많은 린(lean)한 상태에서 분사한 연료가 스스로 폭발하면서 연소가 일어난다. 노킹을 걱정할 필요가 없으므로 압축비가 높고, 한 번에 동시다발적으로 폭발하기 때문에 연소 시에 최대 온도와 압력이 무척 높다.

출력과 연비 측면에서는 이런 디젤 엔진의 특징이 유리하지만, 단점도 있다. 일단 연소음이 시끄럽고 진동도 심하다. 고온고압의 조건에서 공기가 많으면 질소산화물이 발생할 가능성도 크다. 고출력의 가솔린 엔진도 마찬가지다.

연소 시 고온고압이 발생하는 상황을 줄이기 위한 대표적인 해결책이 EGR(Exhaust Gas Recirculation)이다. 이미 연소된 배기가스를 다시 연소실로 돌려보내서 사용하는 것이다. 연소로 생성된 에너지를 연소에 참여하지 않은 EGR 가스와 나누면 최고 압력과 온도를 낮출 수 있다.

EGR을 사용하면 질소산화물량이 감소하고, 연소 소음도 개선된다. 다만 너무 양이 많으면 연소가 불안정해지면서 탄화수소와 미세먼지 배출량이 늘어난다. 가솔린 엔진의 경우, EGR 가스로 연소 초기 온도가 너무 높아 노킹이 발생하기도 한다. 운전 영역과 상황에 따라 최적의 EGR양을 조절할 필요가 있다.

연소에 참여하지 않는 불청객인 EGR을 많이 쓸수록 연비는 불리하다. EGR양은 EGR 밸브와 바이패스 밸브로 제어하는데, 이미 한 번 연소가 된 가스라서 온도가 높으니 별도의 쿨러로 냉각한다. EGR 밸브에 문제가 생기면 배기가스에 포함된 분진들이 흡기부를 오염시키고, 연소도 불안정할 수 있다.

EGR 시스템의 개요

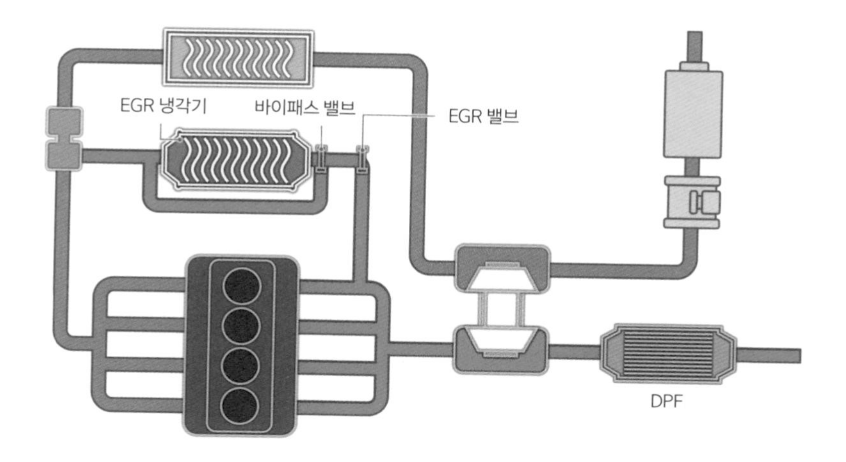

EGR 시스템은 주로 디젤 엔진에서 사용한다. (출처 : 한국교통안전공단)

EGR 적용에 따른 연소압과 연소 온도

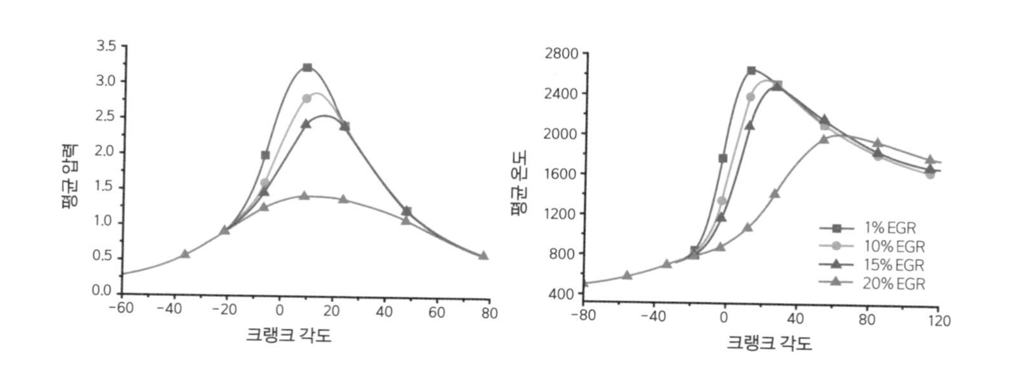

EGR 적용에 따른 연소압과 연소 온도의 경향을 보여준다. 많이 쓸수록 낮출 수 있다. (출처 : SAE 논문)

4-15

SCR, 다시 클린 디젤로 돌아가기 위한 비용

EGR 사용량을 줄여 연비는 좋아지지만 유지비가 만만치 않다

산소가 많은 상태에서 연소를 일으키는 디젤은 필연적으로 질소산화물이 발생할 수밖에 없다. 공기와 연료의 비가 일정한 가솔린 엔진은 삼원 촉매에서 탄화수소나 일산화탄소를 산소와 맞교환하면서 질소산화물을 처리하지만, 산소가 많은 디젤 엔진은 그럴 수 없다.

결국 엔진에서 덜 나오게 만들 수밖에 없는데, 주로 사용하는 EGR은 연소 효율을 떨어뜨리고 연비도 나쁘게 한다. 그리고 EGR 작동 영역이 제한적이라 폭스바겐 디젤 게이트 때처럼 확실하게 정화를 못하는 경우도 많다.

EURO 6/7으로 강화된 배기 규제에 대응하기 위해 필연적으로 도입된 시스템이 요소수를 이용해 배기관에서 질소산화물을 제거하는 SCR(Selective Catalystic Reduction)이다. 산화 촉매인 DOC에서 탄화수소와 일산화탄소를, DPF에서 입자성 물질인 PM(미세먼지)을, SCR에서 질소산화물을 정화한다.

요소수는 별도의 탱크에 충전해서 쓴다. 엔진 운행 조건에 따라 요소수가 분사되면 암모니아로 변한 후에 질소산화물 중 산소와 반응해서 질소와 물로 환원한다. 분사되는 요소수의 양은 SCR 뒤에 설치된 질소산화물 센서를 통해 진단해서 제어한다.

SCR이 장착된 차량에서는 EGR을 덜 사용해도 배기 규제에 대응할 수 있다. 이 덕분에 연비와 성능 모두 좋아진다. 다만 요소수는 주유소에서 별도로 충전해야 하므로 유지비가 만만치 않다. 요소수 탱크가 비어 있으면 더는 배기 규제를 만족할 수 없다. 요소수가 떨어지면 계기판에 경고등을 띄우고 성능을 제한해서 빠른 충전을 유도하도록 법적으로 규정하고 있다.

디젤 후처리 시스템

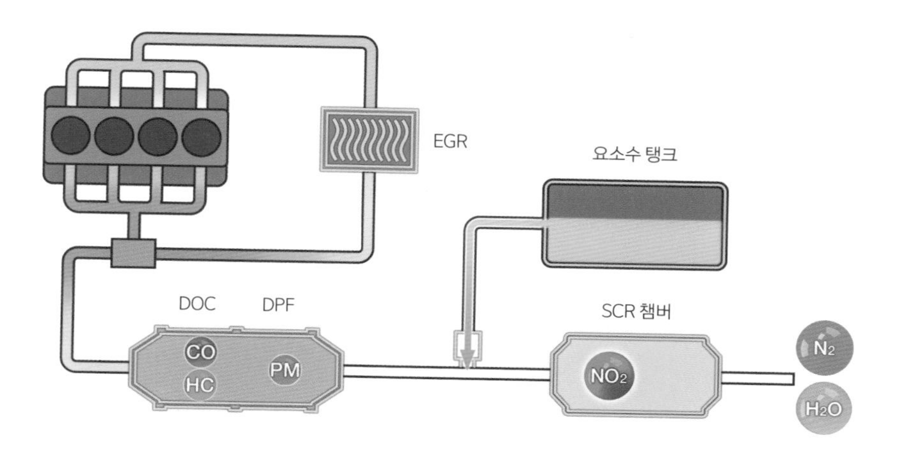

디젤 후처리 시스템을 개략적으로 나타냈다. DOC, DPF, SCR로 구성된다.

요소수 충전구

차종에 따라 요소수 충전구가 연료 주입구 또는 트렁크, 엔진룸 쪽에 있다.

4-16

피처럼 엔진을 돌아다니는 엔진 오일

점도에 따라서 연비에 영향을 준다

엔진에는 피와 같은 역할을 하는 엔진 오일이 있다. 엔진 오일은 수만 번 폭발이 반복되는 엔진을 돌아다니며 금속이 서로 맞닿아 움직이는 모든 부분에 들어가서 움직임을 부드럽게 만들어준다. 이런 윤활 외에도 다양한 역할을 수행한다.

엔진을 돌아다니면서 엔진 안에 있는 여러 찌꺼기를 씻어내고, 철로 된 부품들이 공기에 노출되는 것을 최소화해서 녹이 스는 것도 방지한다. 엔진 연료가 폭발하는 순간에는 강한 압력이 새어 나가지 못하도록 기밀성을 유지하는 역할도 하며, VVT 같은 조작도 오일의 압력을 이용한다. 그리고 엔진의 뜨거운 부분들을 식히는 기능도 수행한다.

오일의 다양한 기능이 원활히 작용하려면 적절한 양과 점도를 유지하는 것이 중요하다. 너무 끈적거리면 틈새로 잘 스며들지 못하고, 너무 물같이 묽어지면 접점에 머물러 있지 않고 흘러내려 버린다.

오일 점도는 온도에 따라 달라지는데 5W-30이나 10W-20과 같은 숫자들은 오일의 온도에 따른 점도 특성을 나타낸다. W는 Winter의 약자로 W가 붙는 숫자, 속칭 앞 점도는 저온에서의 유동성을, 뒤 점도(뒤에 붙는 숫자)는 섭씨 100도에서의 점도를 나타낸다. 앞 숫자가 낮을수록 저온에서의 점도가 좋고, 뒤쪽 숫자가 높을수록 높은 온도에서의 점도가 좋다. 점도가 좋으면 시동성이 올라간다.

보통 대한민국의 승용차는 사계절용으로 5W-30 엔진 오일을 많이 쓰며, 최근에는 연비에 방점을 두면서 5W-20 점도도 많이 사용한다. 0W-20을 쓰면 저온 연비가 좋지만, 고부하 주행에서 엔진을 보호하는 데에는 불리할 수 있다. 엔진 오일을 오래 사용하면 물성치가 변하기 때문에 일정 주기 혹은 마일리지에 꼭 교환해 줘야 한다.

윤활장치의 작동

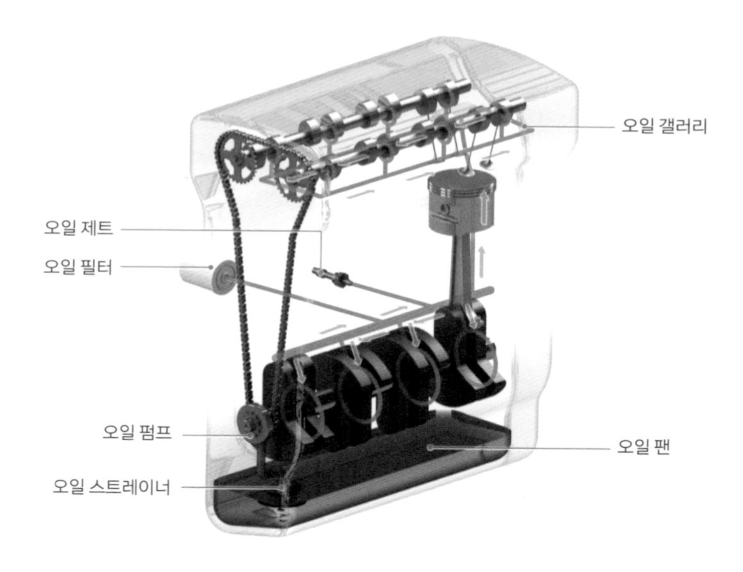

엔진 이곳저곳을 돌아다니는 엔진 오일. 마치 혈액처럼 움직인다. (참고 : 아오야마 모토오, 《자동차 구조 교과서》)

엔진 오일의 스펙

SAE 5W - 40?

저온 점도	고온 점도
엔진 초기 시동성과 관련	출력, 연비와 관련
수치가 낮을수록 엔진 전체에 오일이 도달하는 시간이 짧다	수치가 높을수록 고출력에서도 적정 점도 유지하나 연료 소비율 증가

엔진 오일 스펙(spec)을 읽는 법을 정리했다. 앞 숫자는 저온, 뒤 숫자는 고온에서의 점도를 나타낸다.

4-17

연료 첨가제를 넣으면 새 차처럼 깨끗해질까?

오래된 흡기 포트 분사 방식의 가솔린 엔진에는 효과가 있다

GDI가 아닌 일반 가솔린 엔진은 인젝터에서 3~4bar의 압력으로 연료를 분사한다. 연료에 타르 같은 불순물이 인젝터 노즐에 쌓여서 필요한 만큼의 연료를 분사하기 어려울 수도 있다. 배기관에 있는 산소 센서로 공연비에 맞춰 연료량을 재조절하지만, 편차가 클수록 엔진 연소가 불안정하고 불필요한 연료 소비도 증가한다.

이런 경우에 연료 첨가제가 도움이 된다. 연료통에 연료와 함께 섞어서 사용하는 연료 첨가제는 주로 연료가 분사되는 인젝터와 분사된 연료가 직접 닿는 흡기 포트 밸브, 연소실 내부의 피스톤 상단 등에 쌓여 있는 그을음을 제거하는 데 효과가 있다. 주입하고 일정 기간 주행하면 연소가 안정화되고 소음이 줄면서, 연비도 예전 수준을 회복할 수 있다.

GDI나 디젤 엔진은 다르다. 이 경우에는 200~2,000bar 이상의 고압으로 연료를 분사하기 때문에 분사구 주변의 오염에 크게 영향을 받지 않는다. 초고압 분사는 정밀 제어가 필요하므로 애초에 설계 단계에서 필터로 거르거나 연료와 함께 분출되도록 개발한다. 연료 분사 시간도 현재의 인젝터 상태에 맞춰 학습하기 때문에 효과가 제한적이다.

엔진 내부의 카본 성분들도 깨끗하게 벗겨낸다고 해서 엔진에 마냥 유리한 것은 아니다. 반복되는 연소 과정에서 카본 성분은 피스톤과 실린더 벽면을 보호하는 커버 코팅의 역할도 한다. 그걸 갑자기 제거하면 오래된 미술품을 복원한다고 달려들었다가 망치는 것처럼 엔진에 손상을 줄 수 있다.

노킹이나 불안정한 아이들 같은 이상 현상이 보이면 엔진을 분해하는 큰 작업 전에 연료 첨가제로 세척하면 좋다. 다만 정상적으로 작동하는 차량의 경우, 특히 직분사 방식 엔진에 연료 첨가제를 너무 자주 넣는 것은 주의할 필요가 있다.

연료 첨가제의 효과

인젝터

연료 분사가 좋아져서 폭발력이 증가하고 연비와 출력도 상승한다.

흡기 밸브

공기가 잘 유입돼 연소 효율이 좋아지고, 매연이 감소한다.

연소실

폭발력과 함께 출력이 증가하고, 피스톤 운동이 부드러워져 소음이 줄고 승차감이 좋아진다.

피스톤의 여러 상태

첨가제를 쓰면 피스톤이 깨끗해지는 효과가 있지만, 반드시 좋은 것은 아니다.

Column

실연비에 도움이 되는 기술을 적용하면 벌금이 줄어든다

기후 변화에 대응하기 위해 자동차 연비를 개선하려는 노력은 여러 영역에서 이뤄지고 있다. 그중 하나로 회사별 평균 연비 제한, 일명 CAFE(Corporate Average Fuel Economy) 규제가 있다. 공인 연비를 기준으로 더 많은 이산화탄소를 배출하는 차량에게 1g당 5만 원의 벌금을 내도록 하는 것이다.

그런데 실제 도로를 달리는 차에는 공인 연비를 측정할 때와 달리 연비에 영향을 주는 보이지 않는 요소들이 있다. 예를 들어 자외선을 차단하는 유리 코팅을 적용하면 냉방 효율이 좋아져서 에어컨을 사용해도 연비에 주는 영향이 줄어든다. 얼터네이터가 배터리 상태에 따라서 엔진 부하를 능동적으로 조절하면 헤드라이트 같은 전기장치를 작동시켜도 연비가 덜 나빠진다. 실제 연비에 영향을 주지 않더라도 에어컨 냉매로 오존을 파괴하는 프레온 가스를 사용하지 않고 친환경 냉매를 사용하면 이산화탄소를 저감하는 것과 같은 효과가 있다. 이런 기술들은 실제로 환경 보전에 도움을 주지만, 공인 연비에는 잘 드러나지 않는다.

금전적으로 아무런 혜택이 없으면 움직이지 않는 기업들을 독려하고, 새로운 기술을 확대 적용하기 위해 정부는 ECO-BONUS라는 제도를 운용하고 있다. 친환경 기술을 적용할 때마다 공인된 이산화탄소 수치에서 그만큼 이산화탄소 값을 낮춰주는 제도다. 자동차 회사는 신차를 출시하면서 해당 기술을 적용했다는 사양서와 효과를 증명하는 실험 결과를 환경부에 제출하면 혜택을 받을 수 있다. 보통 8~12g 정도 저감을 받는데, 다른 실제 이산화탄소 저감 기술들보다 비용이 덜 들기 때문에 스마트 얼터네이터, 스마트 컴프레서, 고효율 헤드라이트, 신냉매 같은 기술들은 최근에 거의 모든 차량에 기본으로 장착되고 있다.

5장

연비에 영향을 주는 자동차 특성

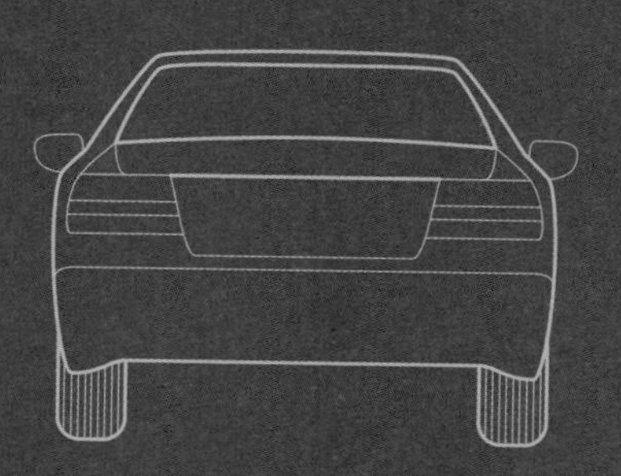

5-01

자동차는 가벼워야 멀리 간다

공차 중량과 차를 가볍게 만드는 신소재 이야기

학창 시절 물리 시간에 배운 에너지 보존 법칙은 언제나 옳다. 같은 연료를 태워서 나오는 열에너지를 운동에너지로 전환한다고 할 때 갈 수 있는 거리는 질량에 반비례한다. 경차와 대형차의 연비를 직접 비교할 수 없는 것도 차체의 무게 때문이다. 일단 자동차는 가벼워야 멀리 간다.

출시된 자동차가 공인 연비를 인증받으면, 제일 먼저 확인하는 것이 공차 중량이다. 공차 중량은 자동차에 연료와 윤활유 및 냉각수를 최대 용량까지 주입하고, 표준 부품과 선택 사양 중 50% 이상을 적용했을 때의 무게를 일컫는다. 공인 연비 시험에서는 이 값에 운전자와 동승자가 승차했다고 가정해서 136kg을 더한 값을 기준으로 측정한다.

같은 차종에서도 차의 기본 옵션과 등급에 따라서 별도의 공차 중량을 신청하고 인증을 받아야 한다. 모델이 바뀌었는데, 기존에 신고한 무게에서 5% 이상 변동되면 재인증을 받아야 한다.

같은 차량의 연비를 개선하는 가장 좋은 방법도 차를 더 가볍게 만드는 것이다. 이 때문에 자동차 제조사들은 무게가 많이 나가는 철을 대체할 신소재 개발에 집중한다. 충돌에도 안전한 강성을 지녔지만 더 가벼운 알루미늄이나 마그네슘 강판을 도입하고 있다. 100% 알루미늄 보디로 출시한 포드의 F-150 트럭은 무게를 350kg 줄였으며 연비는 20% 향상했다.

최근에 더 가볍고 단단한 소재로 주목받는 재질은 탄소 섬유다. 철보다 10배 강하고 무게는 25%에 불과하지만 그만큼 비싸다. 이런 이유로 양산 자동차에서 탄소 섬유를 채용한 모델을 보기가 아직은 쉽지 않다. 현재는 부가티 같은 고가의 프리미엄 모델에 제한적으로 사용하고 있지만, 차체가 가벼워지면 가속 성능도 좋아지기 때문에 연비 개선 비용이 증가할수록 앞으로 확대 적용될 것으로 예상한다.

옵션별 공차 중량

엔진 및 타이어	정부 공인 표준연비 및 등급
스마트스트림 가솔린 2.5 2WD(18inch)	정부 신고 연비 – 복합 11.7km/L (도심 : 10.0km/L, 고속도로 : 14.5km/L) CO_2 배출량 : 143g/km | 배기량 : 2,497cc | 공차중량 : 1,620kg | 자동 8단(3등급)
스마트스트림 가솔린 2.5 2WD(19inch)	정부 신고 연비 – 복합 11.4km/L (도심 : 9.8km/L, 고속도로 : 14.2km/L) CO_2 배출량 : 148g/km | 배기량 : 2,497cc | 공차중량 : 1,635kg | 자동 8단(4등급)
스마트스트림 가솔린 2.5 2WD(20inch)	정부 신고 연비 – 복합 11.2km/L (도심 : 9.6km/L, 고속도로 : 13.8km/L) CO_2 배출량 : 150g/km | 배기량 : 2,497cc | 공차중량 : 1,655kg | 자동 8단(4등급)
스마트스트림 가솔린 3.5 2WD(18inch)	정부 신고 연비 – 복합10.4km/L (도심 : 8.7km/L, 고속도로 : 13.4km/L) CO_2 배출량 : 163g/km | 배기량 : 3,470cc | 공차중량 : 1,695kg | 자동 8단(4등급)
스마트스트림 가솔린 3.5 2WD(19inch)	정부 신고 연비 – 복합 10.1km/L (도심 : 8.5km/L, 고속도로 : 13.0km/L) CO_2 배출량 : 168g/km | 배기량 : 3,470cc | 공차중량 : 1,710kg | 자동 8단(4등급)
스마트스트림 가솔린 3.5 2WD(20inch)	정부 신고 연비 – 복합 9.7km/L (도심 : 8.3km/L, 고속도로 : 12.2km/L) CO_2 배출량 : 176g/km | 배기량 : 3,470cc | 공차중량 : 1,730kg | 자동 8단(4등급)
스마트스트림 가솔린 3.5 AWD(18inch)	정부 신고 연비 – 복합 9.5km/L (도심 : 8.2km/L, 고속도로 : 11.7km/L) CO_2 배출량 : 179g/km | 배기량 : 3,470cc | 공차중량 : 1,765kg | 자동 8단(4등급)

(출처 : 현대자동차 홈페이지)

차급 옵션별로 공차 중량을 따로 신고한다.

포드 F-150

2015년에 출시한 포드 F-150. 차체를 알루미늄으로 바꾸고 연비 개선을 노렸다.

5-02

자동차 디자인에 녹아 있는 유체역학

거센 바람을 부드럽게 넘겨야 연비가 좋아진다

자동차가 달리면, 그만큼 빠른 바람을 정면으로 받는 것과 같은 저항을 이겨내야 한다. 유체역학적으로 공기저항은 차량 속도의 제곱에 비례하기 때문에 고속으로 주행할수록 이를 극복하기 위해 더 많은 에너지가 필요하다. 80km/h 정도를 경제속도로 거론하는 이유가 여기에 있다.

자동차를 유선형으로 만들면 가장 좋겠지만, 여러 부품들이 들어갈 공간이 필요하다. 게다가 충돌 시 운전자의 안전을 보장하는 구조도 있어야 한다. 이런저런 이유로 자동차에는 최적의 디자인이 요구된다.

신차를 디자인할 때, 시제품을 만들어 풍동에서 점검한다. 해당 디자인이 실제로 공기저항을 얼마큼 받는지를 확인하는 것이다. 자동차 디자인은 유선형에 가까울수록 공기저항이 적어 연비에 유리하다. 엔진룸으로 들어온 공기가 빠져나갈 길을 라디에이터로 만드는 것도 효율을 높이는 데 중요하다. 자동차 뒤쪽에서 발생하는 와류로 인한 저항은 리어윙으로 개선한다.

자동차의 공기저항치는 타행 시험법, 즉 코스트 다운(coast down) 테스트로 측정한다. 긴 평지 직선도로에서 차를 140km/h까지 가속했다가 N단으로 놓고 타력 주행을 한다. 이때 시간이 지나면서 감속되는 속도를 측정하는 것이다. 공인 연비 시험은 차량 다이노(DYNO)에서 똑같이 코스트 다운 테스트를 진행한다. 실험실에서의 저항치를 측정한 다음, 실도로에서 측정한 저항치와 차이가 나는 만큼 각 속도별로 다이노가 자동차 바퀴를 잡아줘 보정한다.

사후 검증이 없었던 90년대에는 제조사가 실도로 시험에서 잘 길들인 차량에 저항이 작은 타이어를 사용하는 꼼수를 썼다. 이 때문에 다이노에서 측정한 저항치가 실도로 측정치보다 높게 나오는 일도 있었다. 지금은 소비자 차량을 무작위로 확인한 후에 일정 오차 범위를 계산에 넣어서 재조정하도록 관리한다.

형태별 공기저항 계수

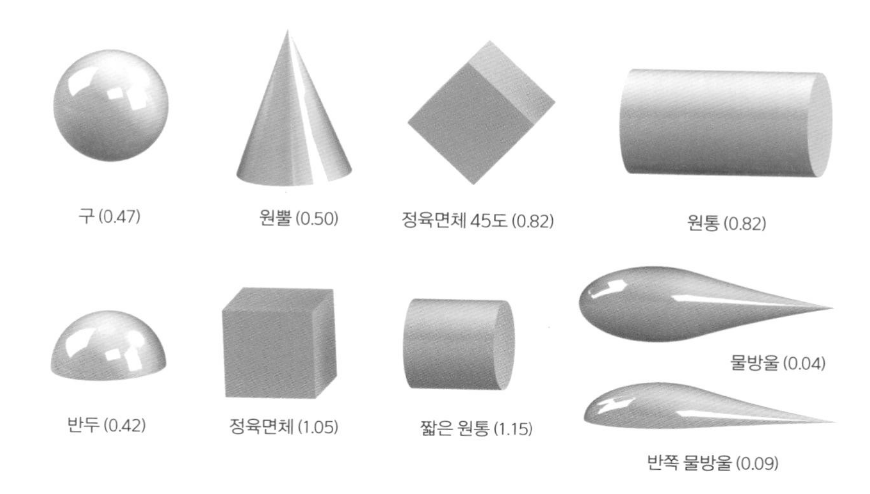

형태에 따라 공기저항 계수가 모두 다르다. 유선형이 확실히 저항이 적다. (참고 : 슈퍼카닷컴 네이버 포스트)

부가티의 후면

부가티 차량에 설치된 리어윙. 와류가 발생해 생기는 저항을 개선한다.

5-03

SUV가 세단보다 연비가 나쁜 이유

공간이 넓은 만큼 연비는 불리할 수밖에 없다

2010년대부터 SUV 붐이 불었다. 판매량이 갈수록 늘어나더니 2022년 기준으로 세단은 44만 7,414대, SUV는 59만 8,368대가 팔려 판매량이 역전했다. 예전에는 SUV가 레저나 아웃도어 활동용으로 여겨져 남성 운전자들이 선호한다고 알려졌지만, 최근에는 실내 공간이 넓고 시야가 좋아서 운전이 편하다는 이유로 여성 운전자들이 많이 찾는다. 정숙한 가솔린 모델이 도심형 SUV로 많이 소개되고 있는 이유다.

SUV는 세단과 비교해 전고가 높아서 주행 시에 공기저항을 더 많이 받는다. 차체가 큰 만큼 공차 중량도 더 무겁다. 아웃도어 활동을 원하는 소비자를 위해 큰 엔진이 적용되므로 차체 무게도 더 나간다. 여러 가지 이유로 연비에 불리할 수밖에 없는 것이다.

한 국내 제조사의 세단과 SUV를 예로 들어보자. 같은 플랫폼을 공유했음에도 SUV가 대략 300kg 정도 더 무겁고, 연비도 10~20% 정도 떨어진다. 엔진이 크고 차량도 크기 때문에 가격도 300만~400만 원 정도 차이가 난다.

SUV 판매량이 늘면서 자동차 제조사들의 부담도 늘었다. 회사가 배출하는 평균 이산화탄소량을 규제하는 CAFE 규제 때문이다. 확실히 SUV가 이런 규제에는 취약하다. 상대적으로 연비가 좋은 디젤 엔진의 비율도 점차 감소하고 있기에, 대안으로 CVT나 DCT 등 연비가 좀 더 좋은 변속기를 채용하거나, 하이브리드를 확대 채용하는 등 SUV의 파워트레인 구성에도 다변화를 시도하고 있다.

테슬라 모델 S와 기아 스포티지의 공기저항 비교

테슬라 모델 S

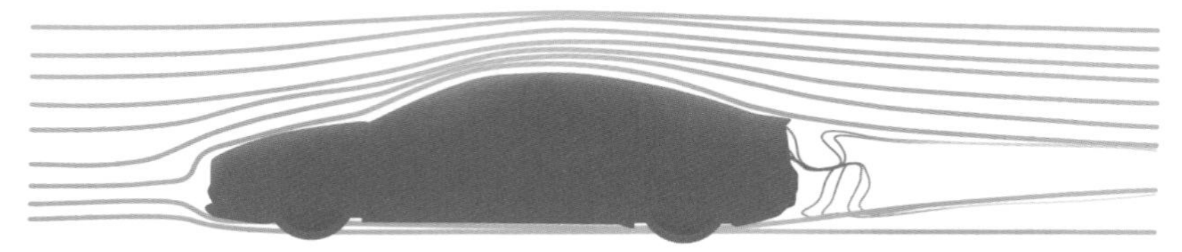

기아 스포티지

모델 S와 스포티지의 공기저항을 비교한 모습. SUV인 스포티지의 후면 유동이 복잡하고 저항이 크다.
(참고 : team-bhp.com 자료)

세단과 SUV 외형 차이

넓은 실내 공간과 시야 덕분에 SUV의 인기가 계속 높아지고 있다.

5-04

1년에 한 번 휠 얼라인먼트 체크는 꼭 하자

똑바로 타이어를 정렬하고 달려야 에너지 낭비가 없다

자동차는 주행하면서 지면과 마찰을 일으켜 충격을 계속 받는다. 이런 충격을 일차적으로 타이어와 서스펜션이 받는다. 마일리지와 함께 충격이 계속 쌓이면 타이어와 서스펜션은 조금씩 원래 자세에서 흐트러진다.

사람도 발목이 틀어진 상태에서 달리면 위험하듯이 자동차도 타이어 정렬이 틀어진 상태로 계속 주행하면 타이어의 편마모가 심해지고, 핸들링도 불안해진다. 무엇보다 엔진 출력으로 앞으로 가는 데 방해가 되므로 그만큼 손해다. 타이어를 가지런히 교정하는 작업은 연비뿐 아니라 안전 운행을 위해서도 꼭 필요하다.

휠 얼라인먼트는 방향에 따라 토, 캐스터, 캠버 각도로 나눠 관리한다. 그중 캠버와 캐스터 각도는 주로 고속 주행에서의 안정성에 영향을 주고, 연비에 가장 큰 영향을 주는 항목은 토인아웃(toe in/out)이다. 양산 자동차의 경우, 커브에서 안정된 조향성과 제동성을 발휘하기 위해 1mm 정도 토인(toe in)으로 설정돼 있는데, 이 각도가 지나치게 틀어지면 연비에 악영향을 준다.

토인아웃이 틀어진 정도는 타이어의 편마모를 살펴보면 알 수 있다. 뒷바퀴와 비교해 앞바퀴의 바깥쪽이 심하게 닳았다면 과도한 토인을 의심해 봐야 한다. 휠 얼라인먼트는 최소 1년에 한 번 정기적으로 받으면 좋다. 다만 험로 주행이나 교통사고와 같은 큰 충격을 받았거나, 핸들이 떨리고 연비가 갑자기 나빠졌다면 바로 받는다.

참고로 트립 컴퓨터에 나오는 연비는 실제 주행거리가 아니라 바퀴 축의 회전수를 기준으로 계산한 것이다. 휠 얼라인먼트를 조절해도 변함이 없을 수 있다. 그러나 실연비는 다르다. 같은 수만큼 바퀴가 돌아도 정렬이 잘된 타이어로 가는 실거리가 더 길기 때문에 그만큼 유지비를 아낄 수 있다.

휠 얼라인먼트의 3요소

휠 얼라인먼트는 방향에 따라 토, 캐스터, 캠버 각도로 나눠 관리한다. (참고 : 한국타이어 홈페이지)

토인과 토아웃

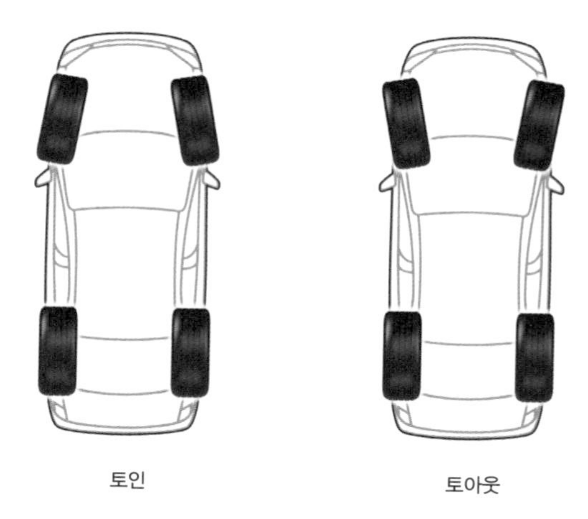

토인(왼쪽), 토아웃(오른쪽)의 대략적인 모습. 연비와 안전을 위해 1mm 정도 토인을 지키는 것이 좋다.
(참고 : 한국타이어 홈페이지)

5-05

적정 타이어압을 유지하는 것이 이득

타이어압을 높이면 마냥 좋지는 않다

타이어의 공기압은 연비에 직접적인 영향을 준다. 공기압이 높을수록 타이어 자체의 반경도 커져서 같은 회전수에 이동하는 거리가 늘고, 노면과 닿는 면이 줄어들어 마찰도 덜 받는다. 한국에너지공단에서 시행한 시험에 따르면 정적 공기압보다 20% 낮게 설정한 차량은 4.2% 정도 연비에 손해를 보는 것으로 측정됐다.

그러나 무작정 공기압을 늘릴 수는 없다. 확실히 연비에 유리하지만, 타이어의 댐핑 역할이 줄어들어 승차감이 나빠진다. 노면과 닿는 접점이 줄어들어 제동거리가 늘어나고 빗길과 눈길에서 미끄러지기도 쉽다. 노면과의 접지력이 줄어들면 커브 길에서 핸들링이 나빠져 사고 위험이 더 커진다.

또한 타이어 구조상, 노면에 닿는 부분이 제한적이어서 타이어가 닳는 패턴도 균일하게 분포하지 않게 된다. 결과적으로 타이어를 오래 사용하려면 적절한 타이어압을 유지하는 것이 최선이다.

자동차 제조사에서 제시하는 적정 공기압은 30~34psi 수준이다. 일반적으로 운전석 쪽에 있는 차체에 공지돼 있다. 타이어압 센서가 장착된 차량의 경우, 일정 시간 주행해서 타이어가 충분히 가열된 후의 공기압을 계기판에서 확인할 수 있다. 일정한 압력 이하로 떨어지면, 경고등이 들어온다. 이 경우에는 재빠르게 공기를 보충해야 한다.

공기압은 온도에 비례하는 특징이 있다. 타이어압이 외기의 영향을 많이 받는다는 뜻이다. 추운 겨울철에는 처음 세팅에 비해 10~15% 이상 타이어압이 낮아질 가능성이 있다. 눈길 주행에는 유리하지만 연비에는 불리하므로, 계절이 바뀌면 한 번씩 공기압을 확인하고 조절하는 것이 좋다.

한국에너지공단의 연비 시험 결과

구분	연비(km/L)		
	도심	고속	복합
적정 공기압	13.107	19.657	15.419
-20% 공기압	12.598	18.736	14.776
차이(km/L)	0.509	0.921	0.642
편차(%)	3.9%	4.7%	4.2%

(출처 : 한국에너지공단 홈페이지)

타이어 공기압과 연비의 관계

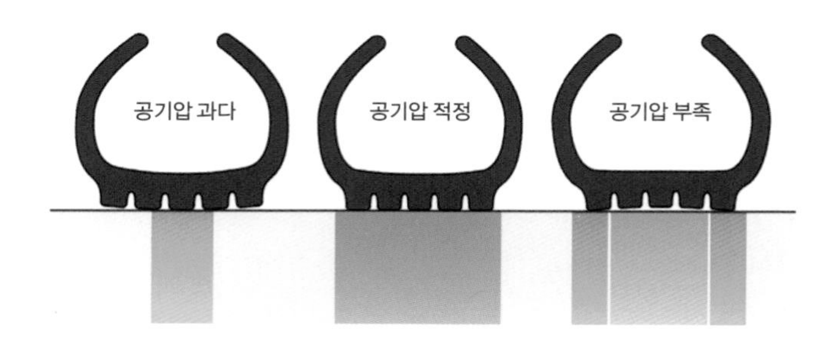

타이어 공기압과 연비는 관계가 깊다.
공기압에 따라 타이어와 지면과의 접촉면이 달라진다.

타이어 공기압 부족	지면과 타이어의 접촉면이 넓어져 연비 손실
타이어 공기압 과다	지면과 타이어의 접촉면이 좁아져 제동력이 떨어지나 연비는 향상

(출처 : 한국에너지공단 홈페이지)

5-06

용도에 맞는 타이어 선택과 주기적인 관리

주행성, 연비, 안전을 고려해 적합한 타이어를 찾아보자

타이어는 자동차와 노면이 접촉하는 곳으로 자동차의 퍼포먼스에 직접적인 영향을 미친다. 노면에 잘 달라붙는 타이어는 그립감과 핸들링이 좋지만, 연비는 나쁠 수밖에 없다. 부드러운 재질의 타이어는 충격을 완화해서 정숙한 주행을 가능하게 하지만 내구성이 떨어진다. 회전저항을 줄이면 연비는 개선되지만, 반면에 승차감은 떨어진다.

타이어 종류에 따라서 연비 결과가 다르게 나오다 보니, 아예 연비 효율을 등급으로 나눠 관리한다. 타이어 에너지 소비 효율 등급이 높을수록 연비는 향상되지만 더 비싸다. 한국에너지공단에서 실시한 비교 시험을 보면 등급별로 3%씩 연비가 차이가 나는 것으로 나타났다.

일반적으로 출시되는 차량에는 사계절용 타이어가 장착되지만, 눈이 많이 오는 겨울에는 미끄럼 방지를 위해 겨울용 타이어를 장착하기도 한다. 홈이 깊고 부드러운 재질에 주름이 많은 겨울용 타이어를 쓰면 제동거리가 현저히 줄어들어 사고를 예방할 수 있다. 다만, 회전저항 계수가 크게 상승하기 때문에 연비는 10% 이상 불리하다. 특별히 눈길 주행이 잦은 운전자가 아니라면 평소에는 사계절용 타이어를 이용하는 것이 경제적이다.

마찬가지로 마모가 되지 않은 새 타이어보다는 길들이기를 통해 적당히 마모가 진행된 헌 타이어가 회전저항 계수가 낮고 연비도 조금 더 좋게 나온다. 하지만 타이어의 첫 번째 우선순위는 안전이다. 위험한 순간에 제대로 멈추고 커브 길에서도 미끄러지지 않는 안전한 핸들링을 위해서라도 합리적인 타이어 선택과 주기적인 관리가 필요하다.

한국에너지공단에서 공시한 타이어 연비 효율 규격표

1등급

■ 에너지소비 효율등급

2등급

■ 에너지소비 효율등급

3등급

■ 에너지소비 효율등급

4등급

■ 에너지소비 효율등급

5등급

■ 에너지소비 효율등급

연비효율은 회전저항(RR, Rolling Resistance)을 기준으로 측정합니다. 회전저항은 볼이나 타이어와 같은 둥근 물체가 평면에서 일정한 속도의 직선으로 운동하는 동안 발생하는 저항을 의미합니다. 이 저항은 주로 물체의 변형, 표면의 변형 또는 두 가지 모두의 변형에 의해 발생합니다. 다른 요인으로는 휠 반경, 전진 속도, 표면 접착력 및 접촉 표면 사이의 상대적 미세 미끄러짐이 포함됩니다. 이 저항은 주로 휠이나 타이어의 재질 및 지면 종류에 따라 결정됩니다.

(출처 : 한국에너지공단 홈페이지)

타이어 등급별 시험 결과

	1등급	2등급	3등급	4등급
회전저항 계수	6	7.25	8.5	9.9
도심(km/L)	10.232	10.055	9.877	9.679
비교	5.7%	3.9%	2.1%	–
고속도로(km/L)	14.505	13.896	13.288	12.606
비교	15.1%	10.2%	5.4%	–
복합(km/L)	11.803	11.484	11.166	10.809
비교	9.2%	6.2%	3.3%	–

(출처 : 한국에너지공단 홈페이지)

5-07

에어컨은 에너지가 많이 든다

냉매 압축에 많이 소비되는 에너지

집에서 쓰는 가전제품 중에 가장 에너지를 많이 쓰는 장치가 에어컨이다. 자동차에서도 마찬가지다. 더운 자동차 실내를 식히는 일은 엔진 동력을 상당히 필요로 하니 연비에는 불리할 수밖에 없다.

자동차 에어컨은 집에 설치된 에어컨과 구조가 같다. 엔진과 풀리로 연결된 컴프레서에서 냉매를 압축한 이후에 실외기에 해당하는 콘덴서로 보내서 식힌다. 이렇게 액화한 냉매를 증발기에서 팽창시켜 다시 가스로 변환하면, 차갑게 식으면서 자동차 실내로 들어가는 공기를 냉각시킨다. 이런 과정을 통해 실내 온도를 조절한다.

가장 부하가 큰 단계는 압축기에서 냉매를 압축하는 단계다. 기화된 냉매를 다시 액화하는 일은 물리적인 힘이 필요하기에 엔진이 회전하는 동안에는 풀리를 이용해서 동력을 바로 받는다. 풀리는 벨트로 늘 연결돼 있지만, 별도의 클러치가 있어서 에어컨이 작동할 때만 부하가 걸리도록 조절한다.

운전자가 에어컨을 작동시키면 엔진은 차가 이동하는 에너지에 부가적인 힘이 더 들 것을 예상하고 미리 준비한다. 컴프레서에서 필요한 토크를 예상해서 공기량과 연료량을 계산해 보태고, 공회전 상태에서도 충분한 관성을 확보하기 위해 rpm을 100~150 정도 상향 조절한다.

하이브리드나 전기차처럼 정지하면 별도의 회전 동력원이 없는 경우에는 따로 모터를 이용한 전동 컴프레서를 작동한다. 차량용 배터리가 아니라, 주행용 배터리를 이용하는 것이라 에어컨을 작동하면 주행 가능 거리가 급격하게 감소한다. 정차하면 회전을 멈추는 스톱 앤드 고 차량에서는 컴프레서가 일시적으로 작동하지 않아 따뜻한 바람이 나오기도 한다.

자동차 에어컨 구조

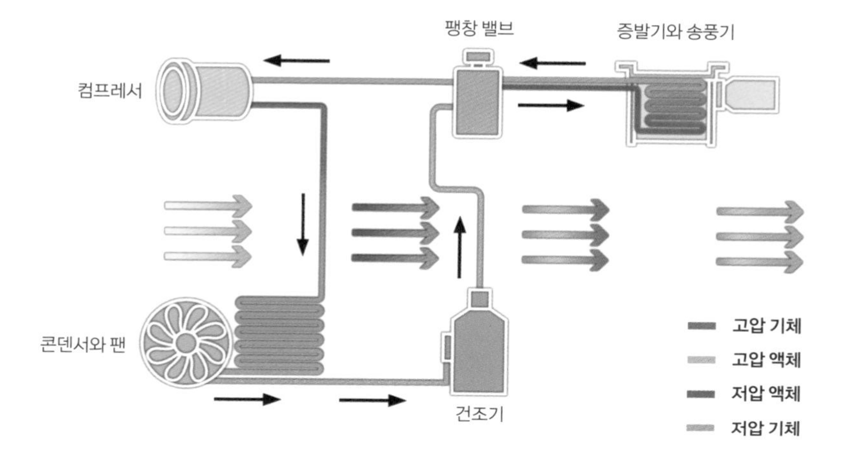

자동차 에어컨은 고압부와 저압부로 나뉜다. 컴프레서에서 에너지를 가장 많이 쓴다.

전기차의 에어컨

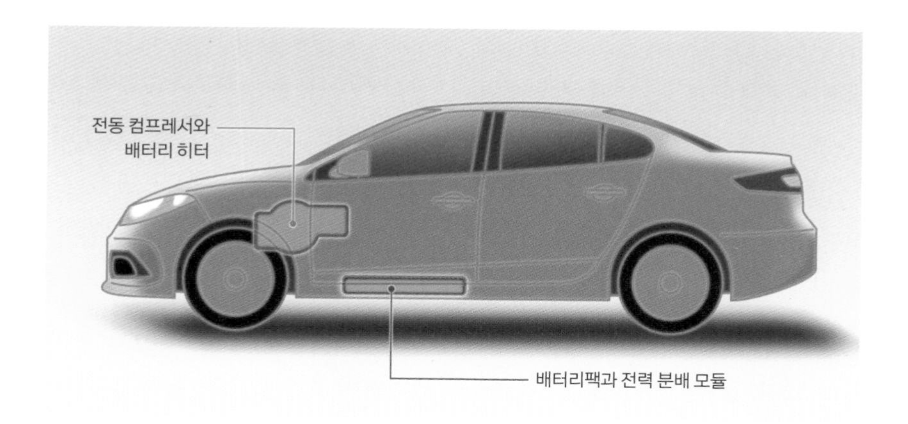

전기차에는 전동 컴프레서가 달려서 정차 중에도 배터리를 이용해 계속 에어컨을 작동한다.

5-08

필요한 전기는 그때그때 만들어 쓴다

에너지 효율을 신경 쓰는 얼터네이터

자동차에는 다양한 전기장치가 있다. 첫 시동을 걸기 위해 스타터 모터를 돌리고, 계기판을 켜고, 멀티미디어 화면을 보는 등 모든 일에 전기가 필요하다. 헤드라이트로 어두운 밤길을 밝히는 일도 배터리에 전기가 없으면 불가능하다. 사실 방전되면 연료도 분사할 수 없고, 점화 플러그에 불꽃도 만들 수 없어 엔진도 멈춰버린다.

자동차에 필요한 전기를 만드는 장치가 얼터네이터다. 시동을 끈 상태에서는 배터리가 차량에 전력을 공급해서 스타터 모터를 돌린다. 하지만 한 번 시동을 걸고 나면 얼터네이터가 생산한 전기로 각종 전기장치를 작동하고 배터리도 충전한다. 시동을 건 이후에는 엔진 동력으로 얼터네이터, 즉 발전기를 돌려서 전력을 생산하는 것이니 만큼 연비는 나빠진다.

연비에 관심이 높아지면서 '스마트 얼터네이터'라는 것을 채용한 차량이 늘고 있다. 이런 자동차는 일단 시동이 걸린 상태에서 얼터네이터가 아닌 배터리 전력으로 전기장치를 작동한다. 얼터네이터 내부의 전자석에 들어가는 전류를 제어해서 배터리가 충분히 충전돼 있으면 부하가 걸리지 않게 제어하고, 브레이크를 밟거나 관성으로 움직일 때 배터리 전압이 기준 이하로 떨어지면 충전을 한다. 필요할 때만 엔진 동력을 쓰기 때문에 연비가 개선되는데, 약 1% 정도 좋아진다고 한다.

일반적인 얼터네이터의 경우, 발전 부하가 늘 걸리기 때문에 전기장치를 주행 중에 많이 사용해도 연비에 큰 영향이 없다. 스마트 얼터네이터 시스템이라면 전기장치를 적게 쓸수록 발전하는 구간이 줄어들어 연비가 개선되는 효과가 커진다. 엔진이 돌지 않고 각종 전기장치들을 주행용 배터리 전력으로 운용하는 전기차나 하이브리드 차량도 마찬가지다. 연비를 개선하기 위해서 자동차에 들어가는 전기장치들의 효율도 고민해야 하는 시대가 됐다.

차량용 얼터네이터

얼터네이터는 차량에 쓸 전기를 책임지는 발전기다.

에너지 스마트 매니지먼트 시스템

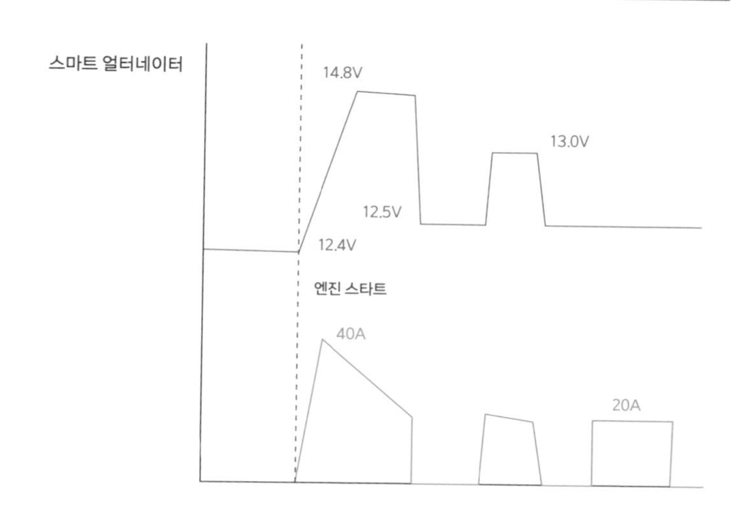

르노코리아의 에너지 스마트 매니지먼트 시스템을 소개하는 자료의 일부다. 배터리 상태에 따라 발전량을 조절한다.

5-09

이동만 책임지는 마일드 하이브리드 차량의 엔진

기능이 많아질수록 더 많은 전기가 필요하다

자율 주행과 여러 편의 장치들이 기본으로 탑재되면서 자동차를 운용하는 데 필요한 전기가 크게 늘었다. 기존 얼터네이터와 배터리만으로는 시스템을 감당하기가 어려울 지경이다. 복잡해진 전기장치 시스템을 안정적으로 운용하고, 연비도 개선하기 위해 48V 마일드 하이브리드 기술이 최근 많은 주목을 받고 있다.

자동차를 작동하는 전압을 48V로 올리면 많은 문제를 해결할 수 있다. 에어컨 컴프레서와 워터펌프 같은 장치를 모터만으로 구동할 수 있고, 덕분에 벨트 수를 줄이고 연비도 개선된다. 스타터 모터와 점화플러그의 성능도 개선되고, 전기를 많이 남길 수 있어 배터리 충전에도 효율적이다. 무엇보다도 자율 주행이나 안전 확보에 활용하는 첨단 장비들이 갈수록 늘어나는 가운데, 이 장치들을 안정적으로 운용할 수 있다.

일부 주행을 모터로 하는 풀하이브리드와 비교하면 48V 마일드 하이브리드는 구조가 간단하다. 회생제동을 적극적으로 활용하므로 리튬 이온 배터리를 채용하지만, 별도의 모터 대신 용량이 큰 스타터 모터를 탑재해서 기존 내연기관 차량에서 큰 변경 없이 업그레이드할 수 있다. 에어컨과 워터펌프 등에 쓸 엔진 부하를 전기로 대체하고, 적극적으로 아이들 앤드 스톱을 적용하는 것만으로도 약 10% 내외의 연비 개선 효과를 볼 수 있다.

엔진 측면에서도 자동차를 주행하는 일 이외의 다른 부하를 줄이면, 연소가 안정되고 배기가스 관리에도 유리하다. 이런 장점들 때문에 전기로 운용되는 편의 장치가 많은 벤츠나 벤틀리 같은 고급 차량을 중심으로 마일드 하이브리드 시스템 적용이 늘어나고 있다. 전기차가 대세인 시대에 생존을 위한 내연기관의 변신은 계속될 것이다.

48V 마일드 하이브리드 시스템 구조

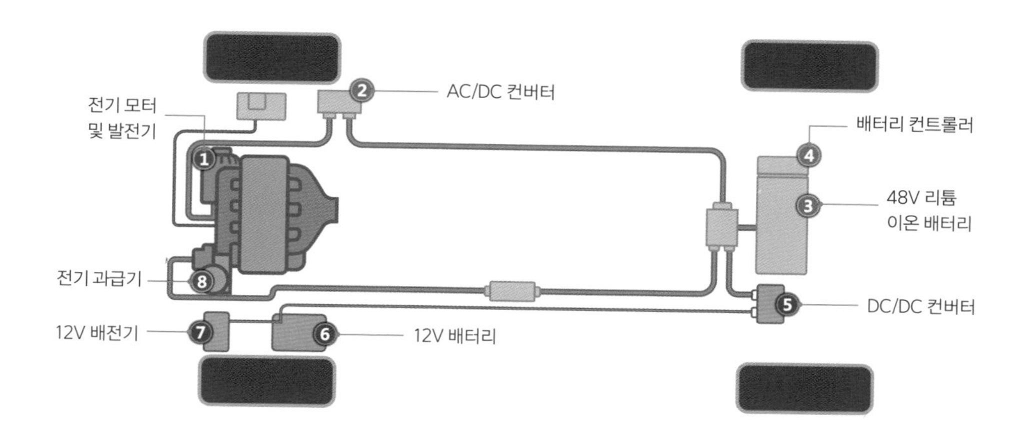

자동차를 작동하는 전압을 48V로 올리면 많은 문제를 해결할 수 있다.

자동차 첨단 전기장치

장치 이름	기능
스마트 에어백	탑승자 체형에 맞게 작동하는 에어백
차세대 디스플레이 장치(HUD)	여러 정보를 앞 유리창에 보여주는 장치
커튼 에어백	측면 충돌 시 차량의 옆면에서 펼쳐지는 에어백
후방 감시 카메라	주정차 또는 출발 시, 뒤쪽 상황을 인식한다.
전방 감시 레이더	차량 앞쪽의 위험을 방지하기 위한 장치
전자식 조향 시스템	차량의 방향을 잡아줘서 연비와 안정성을 올린다.
전자식 제동 시스템	빗길과 빙판길에서 미끄럼을 방지한다.
적외선 카메라	야간 운전 시 장애물을 감지한다.

(참고 : 현대모비스 자료)

자동차에 추가되고 있는 여러 첨단 전기장치들. 모두 많은 양의 전기를 필요로 한다.

Column

토요타는 하이브리드 특허를 왜 공개했을까

하이브리드 하면 토요타라는 메이커가 가장 먼저 떠오른다. 2003년부터 프리우스로 하이브리드라는 장르를 처음 열었던 토요타는 다른 제조사를 압도하는 연비로 친환경 차량의 선두주자라는 이미지를 지켜왔다.

토요타 하이브리드의 연비가 탁월한 이유는 엔진과 모터 사이의 에너지 배분을 더 효율적으로 하는 자체 기술력 때문이다. 프리우스에 들어가는 2ZR-FXE 엔진은 특별히 급가속을 요청하지 않는 한 모터만으로 주행하는 EV 영역을 제외하면 BSFC상에서 효율이 제일 좋은 최적점을 따라 주행하며, 남는 동력을 충전하는 로직이 적용돼 있다. 이런 차별적인 기술을 바탕으로 토요타는 프리우스 출시 이후 계속 하이브리드 시장을 주도해 왔다. 하지만 탄탄대로 같았던 하이브리드 시장도 전기차 시대의 도래로 점점 위축됐다. 2016년 이후 전 세계적으로 강화된 탄소 규제 때문에 전기차를 요구하는 목소리가 높아지자, 그때까지 하이브리드 시장의 50% 이상을 차지하던 토요타는 큰 위기감을 느끼게 된다. 이에 토요타는 2019년 23,740개에 달하는 하이브리드 관련 특허를 2030년까지 무상으로 사용할 수 있도록 공개해 버렸다. 그동안 특허에 막혀서 동력 전달 및 최적점 배분 설계를 하지 못한 경쟁사들에게 길을 열어준 셈이다.

이런 노력 덕분에 하이브리드 차량들의 연비 수준이 2020년을 기점으로 향상됐고, 기존 하이브리드 차량 출시를 꺼리던 제조사들도 하나둘 시장에 신차를 내놓았다. 국내에 출시된 하이브리드 차량들도 기존보다 연비를 크게 개선한 모델을 내놓았고, 자연스럽게 하이브리드 차량을 찾는 고객들도 늘어났다.

시장이 확장되자 가장 큰 이득을 본 쪽은 시장을 선도하던 토요타다. 특허 공개 이후에도 여전히 30% 이상의 시장점유율로 경쟁사를 압도하고 있고, 2020년 이후부터는 세계 자동차 판매 전체 1위를 굳건히 지키고 있다.

6장

하이브리드와 전기차의 연비

6-01

이산화탄소 규제와 전동화

벌금을 내는 것보다 많이 파는 게 낫다

온실가스의 주요한 원인으로 알려진 이산화탄소는 화석연료를 태우면서 주로 발생한다. 기후 변화를 막기 위한 대책으로 자동차 업계에는 회사별 평균 연비 제한, 일명 CAFE 규제가 있다. 사람들의 이동을 줄일 수는 없으니, 같은 거리를 가더라도 배출되는 이산화탄소량을 줄여보자는 취지다.

자동차는 무게와 크기, 배기량 등이 클수록 연비가 안 좋을 수밖에 없다. 자동차 제조사 입장에서는 비싼 대형차를 많이 팔아야 수익이 많이 나니 큰 차를 많이 팔아야 좋지만, 환경에는 부정적인 영향을 미친다. 이에 등장한 것이 CAFE 규제다.

한 해 동안 한 자동차 제조사가 판매한 차량의 이산화탄소량을 모두 합산해서, 일정 기준을 초과하는 이산화탄소량 1g당 5만 원의 벌금을 내도록 규제하고 있다.

2020년 기준이 97g이지만 앞으로는 이 규제가 더 엄격해진다. 현재 이미 확정됐거나 논의 중인 기준은 2030년까지 60~80g 수준이다. 이렇게 되면 일반 내연기관 차량은 팔면 팔수록 손해일 수밖에 없다.

보통 전기차는 이산화탄소 배출량이 0g이고, 하이브리드 차량도 80g 내외이니, 하이브리드 차량을 한 대 팔면, 일반 내연기관 차량 한 대가 내는 벌금을 충당할 수 있다. 아이오닉을 한 대 팔면 제네시스 G80 가솔린 차량 다섯 대 정도에 해당하는 벌금을 감당할 수 있다. 그러니 자동차 제조사들은 차량 가격을 좀 손해 보더라도 하이브리드차나 전기차를 판매하는 일에 집중할 수밖에 없다. 이런 정책을 바탕으로 하이브리드차나 전기차를 구매하는 소비자는 매년 느는 추세다.

국내 자동차 온실가스 배출 현황 (단위 : g/km)

구분	온실가스 배출 허용 기준	온실가스 평균 배출량	초과 비율
2015년	140	143.4	2.4%
2016년	127	143.7	13.1%
2017년	123	143.9	17%
2018년	120	141.4	17.8%
2019년	110	140.7	27.9%
2020년	97	140.5	44.8%

(출처 : 환경부, 한국에너지관리공단)

위 표는 국내 자동차 온실가스 배출 현황을 보여준다. 규제 기준을 초과하고 있다. (배출 허용 기준과 평균 배출량은 10인승 이하 승용승합 기준, 평균 배출량은 복합 모든 기준)

유종별 차량 판매 추이 (단위 : 대)

구분	2016년	2017년	2018년	2019년	2020년	2021년	2022년 (5월까지)
휘발유	747,987	758,344	776,723	851,742	963,864	889,148	350,484
경유	640,204	571,114	557,692	431,662	398,360	258,763	82,295
LPG	110,731	127,308	105,741	116,410	105,068	81,382	23,533
하이브리드	62,212	84,699	93,410	103,494	152,858	184,799	87,472
전기	5,148	14,224	31,033	33,390	31,297	71,505	39,628
기타 연료(수)	59	83	729	4,182	5,783	8,473	3,720
전체	1,566,341	1,555,772	1,565,328	1,540,880	1,657,230	1,494,070	587,132

(출처 : 한국자동차협회)

경유 차량 판매는 줄고, 하이브리드 차량 판매는 늘어나는 추세를 보여준다.

6-02

하이브리드, 전기차와 내연기관차 사이의 변종

모터와 엔진이 서로 도와가며 주행한다

효율 관점에서 내연기관의 한계는 명확하다. 운전 영역에 따라서 효율이 떨어지는 영역이 존재한다. 차체에 따라 큰 힘이 필요할 때도 있지만 그럴 때를 대비해서 엔진을 키우면 그만큼 연비는 손해다. 저속에서는 펌핑으로 에너지를 뺏기고, 주행 중에 속도를 줄이려고 브레이크를 밟을 때는 연료를 태워서 만든 에너지를 길에 버리는 꼴이 된다.

이런 단점을 모터로 보완하는 시스템이 하이브리드다. 처음 출발하고 저속 주행을 할 때는 전기차처럼 모터만으로 달리다가, 오르막을 오르거나 가속을 위해 큰 힘이 필요할 때는 엔진과 모터를 함께 작동한다. 엔진 효율이 좋은 60~80km/h 영역에서는 엔진으로만 주행하다가 속도를 조금이라도 줄여야 하는 상황이 되면 회생제동으로 배터리를 충전한다. 그리고 자동차가 잠시 멈춰야 할 때는 아예 엔진을 끄고 대기한다. 이렇듯 주행 모드에 따라 모터와 엔진을 섞어 쓰면서 가장 효율이 좋은 상태를 찾아 제어한다.

이런 주행을 하려면 일반 가솔린 차량에 모터와 배터리를 추가해야 한다. 게다가 두 동력원을 이어주는 트랜스미션도 훨씬 더 복잡해진다. 엔진이 작동하지 않는 동안에도 브레이크가 작동해야 하고, 에어컨도 작동해야 하므로 이런 작업에 필요한 전기를 만들어주는 부가적인 장치도 더 필요하다.

제조사 입장에서는 개발비를 포함한 원가가 일반 내연기관 차량에 비해 400만~500만 원 이상 차이가 난다. 그러나 소비자가 최종적으로 지불하는 비용, 즉 TCO는 비슷해야 같은 기종 안에서 경쟁력이 생기기 때문에 보통 자동차 시장에서는 좋은 연비에서 오는 이득을 고려해서 일반 차량보다 300만 원 정도 비싼 가격에 판매한다.

하이브리드차의 주행 방식

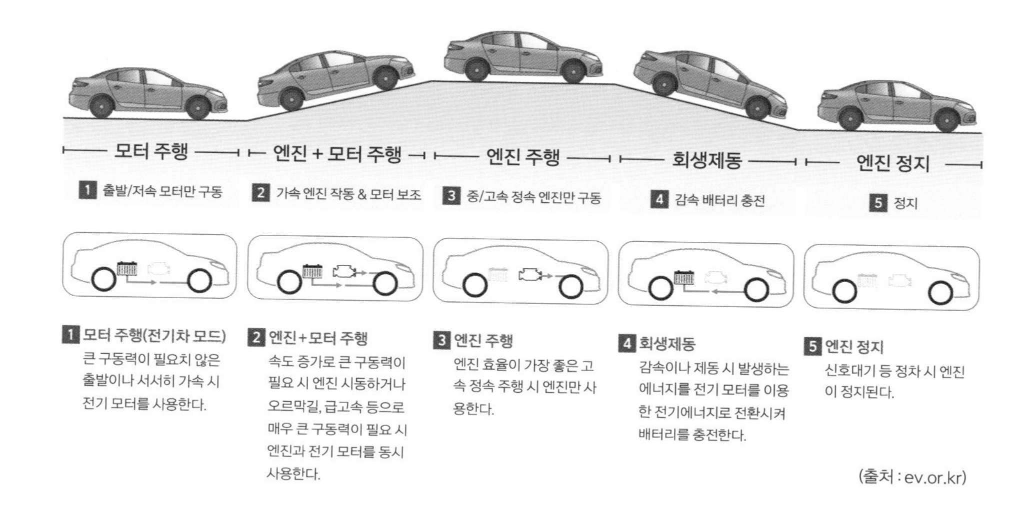

(출처 : ev.or.kr)

하이브리드 자동차는 처음 출발하고 저속 주행을 할 때 모터만으로 달리다가, 오르막을 오르거나 가속을 하면 엔진과 모터를 함께 작동한다.

르노코리아 XM3의 하이브리드 시스템

이 시스템은 엔진과 모터, 둘 사이를 이어주는 복합 변속기로 구성돼 있다. (출처 : 르노코리아자동차 홈페이지)

6-03

플러그인 하이브리드, 전기차로 한 발짝 다가서다

배터리 용량이 늘어나면 모터만으로 주행하는 구간이 늘어난다

전기차 구매를 생각하고 있는 사람들의 가장 큰 고민은 방전 문제다. 어디서든 쉽게 찾을 수 있는 주유소에 비해 상대적으로 찾기 어려운 전기 충전소 때문에 차가 가다가 중간에 설지도 모른다는 두려움이 있다. 그런 두려움에서 해방해 줄 절충안이 플러그인 하이브리드다.

엔진과 모터가 영역을 달리해서 효율을 극대화한 하이브리드차에 배터리와 모터 용량을 키우고, 충전 단자를 추가해 전기차에 한 발 가까이 다가간 것이 플러그인 하이브리드 차량이다. 일단 모터가 전기차와 거의 동일한 스펙으로 100~120km/h 정도의 속도를 모터만으로 구현할 수 있다. 완전히 충전하면 보통 40~60km 정도의 거리는 순수 전기차 모드로 주행할 수 있다.

엔진과 모터가 동시에 힘을 낼 수 있기에 하이브리드나 순수 전기차에 비해서 파워가 더 높다. 그리고 상당한 구간을 전기만으로 다닐 수 있으므로 비슷한 사양의 가솔린 차량과 비교해서 연비가 70% 개선된다.

대신 무겁다. 게다가 구조도 복잡하다. 엔진에 모터를 추가하고, 배터리도 들어가니 구조가 복잡하고 비쌀 수밖에 없다. 연비에서 아무리 절약한다고 해도 5년 안에 비싼 차 가격을 상쇄하기가 어렵다. 또 생각할 거리가 있는데, 충전 없이 일반 주행을 주로 한다면 하이브리드보다 무거운 차량 무게 때문에 연비가 더 나쁠 수도 있다는 점이다.

이런 단점 때문에 시장에서는 아직 활성화되지 않았다. 앞으로 배터리 무게가 더 가벼워지고 가격도 싸지면, 그리고 충전 시설이 더 늘어나면 출퇴근 정도는 EV 모드로 주행이 가능한 플러그인 하이브리드를 찾는 사람들이 더 늘어날 것이다.

전기 자동차의 종류

	구동 방식	에너지원	배터리 크기	특징
순수 전기 자동차	모터	전기	10~30kwh	충전 가능한 배터리에서 동력을 얻는다.
플러그인 하이브리드 자동차	모터, 내연기관	전기, 화석연료	4~16kwh	배터리로 주행할 수 있는 거리를 넘어서면 내연기관을 이용한다.
하이브리드 자동차	모터, 내연기관	전기, 화석연료	0.98~1.8kwh	주행 조건에 따라 모터 또는 내연기관을 이용해 주행한다.

전동화 차량의 분류. 배터리와 모터의 용량에 따라 구분된다.

토요타 프리우스 하이브리드와 플러그인 하이브리드의 스펙

	프리우스 프라임	프리우스(HEV) AWD
공차 중량	1,530kg	1,455kg
도심/고속도로/복합 연비	가솔린 23km/L, 19.6km/L, 21.4km/L	21.4km/L, 20.3km/L, 20.9km/L
	전기 7.1km/kWh, 5.8km/kWh, 6.4km/kWh	
	1회 충전 주행거리 40km	

(출처 : 한국 토요타 홈페이지)

위 표에서 알 수 있듯 플러그인 하이브리드 모델인 프라임이 더 무겁지만, 연비가 좋고 전기만으로도 40km를 갈 수 있다.

6-04

회생제동, 달리는 동안 버리던 에너지를 재활용하다

모터가 발전기로 변신하면 연비가 좋아진다

운전자가 액셀을 밟을 때마다 엔진은 앞으로 가고 싶은 운전자의 요구에 맞춰 연료를 태우고 자동차를 앞으로 나아가게 한다. 그런데 안전거리를 확보하기 위해 운전자가 브레이크를 밟아 속도를 줄일 때마다 엔진이 연료를 태워 만든 에너지는 길 위에서 브레이크 패드의 열로 소멸한다.

하이브리드차나 전기차에 적용되는 회생제동은 자동차의 구동에 쓰이는 모터를 거꾸로 발전기로 사용해서 길에 버리는 운동에너지를 전기에너지로 회수한다. 이렇게 충전한 에너지는 다음 가속에서 모터를 굴리는 데 사용하며 그만큼 연료를 절약할 수 있다.

액셀에서 발을 떼고 관성 주행을 할 때도 엔진 브레이크와 유사한 충전을 하지만 본격적인 회생제동은 브레이크를 밟아야 이뤄진다. 충전이 되려면 충분한 운동에너지가 있어야 하므로 속도가 충분하고 가끔 멈추기도 하는 국도가 막히는 길보다 유리하다.

회생제동을 이용한 연비 개선 효과는 대개 20% 정도로 알려져 있다. 전기차나 플러그인 하이브리드 차량의 경우, 에코 모드로 설정하면 회생제동을 극대화해서 주행 가능한 거리를 늘릴 수 있다. 그러나 관성 주행 시에 속도 저감이 높아서 차가 평소보다 더 빨리 멈추는 것 같은 느낌이 들어 이질감이 든다.

어떤 모드로 달리든 관계없이 일정한 브레이크 성능을 유지하려면 배터리 충전을 위한 발전량과 브레이크 패드로 구현한 실제 구동력을 함께 제어해야 한다. 제어를 잘하려면 모터로 유압 제동을 담당하는 전자식 브레이크 제어기(EBS. Electric Brake System)와 하이브리드 시스템 제어장치(HCU. Hybrid Control Unit)가 서로 긴밀히 협동해야 한다.

회생제동의 원리

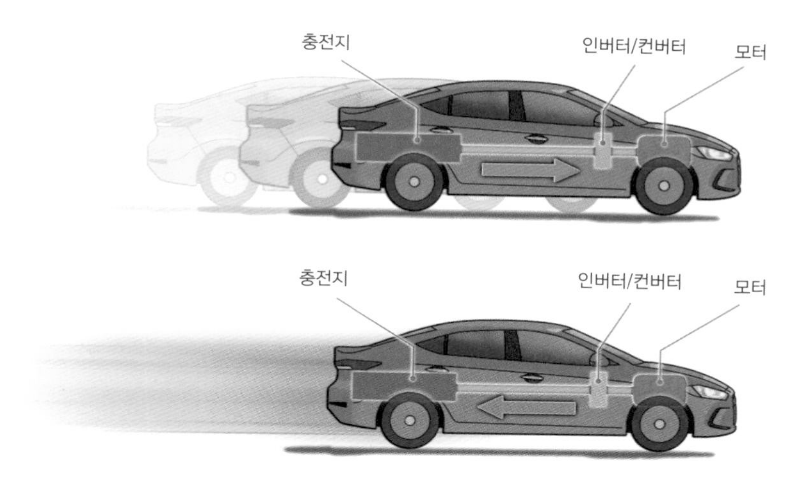

차량 모터를 발전기로 활용해 운동에너지를 전기에너지로 바꾸고, 이 과정에서 제동력을 발휘한다.
(참고 : 아오야마 모토오, 《자동차 구조 교과서》)

아이오닉의 에코 모드

패들 시프트

■ Regen B(회생제동) 모드

ECO 모드에서 패들 시프트 레버로 Regen B 모드에 진입, 회생제동량(1~3단계)을 변경하여 주행의 재미를 더할 수 있습니다.

- 패들 시프트「-」측을 한번 당길 때마다 회생제동량이 1단계씩 상승하면서 차량 감속도가 커지고,「+」측을 한번 당길 때마다 회생제동량이 1단계씩 내려가면서 차량 감속도가 작아집니다.
- 패들 시프트「-」측 혹은「+」측을 당기고 있으면 회생제동 단계가 순차적으로 변경됩니다.

⚠ 주 의

- 초기 시동을 걸면 0단계로 제어하며「D」(주행)단에서만 작동합니다.
- 변속레버를 조작(P,R,N/Sport)하면 Regen B 모드가 해제되며,「D」(주행)단으로 복귀하면 Regen B 모드 0단계로 주행합니다.
- ABS, ESC가 작동하면 Regen B 모드가 해제됩니다.
- 동일 회생 단계에서도 차량 속도에 따라 감속도의 차이가 발생합니다.(도심 주행 시 감속도 차이가 두드러지나, 고속 주행 시 단계별 차이가 크지 않습니다.)

⚠ 주 의

패들 시프트 레버 조작으로 차량이 완전히 정차하지 않으며, 10km/h쯤에서 회생제동량이 줄어 들어 차가 서서히 움직입니다. 차량을 정차하기 위해서는 브레이크 패달을 밟아서 멈춰야 합니다.

소비자 매뉴얼에 설명된 아이오닉의 에코 모드 설정 방법. 적극적인 회생제동이 활성화된다.
(출처 : 현대자동차 매뉴얼)

6-05

모자라면 모터로 채우고, 남으면 배터리에 충전한다

효율이 제일 좋은 영역을 따라 주행하는 하이브리드

하이브리드 자동차는 모터와 엔진이 서로 보완해서 동력을 전달한다. 기본적으로 저속은 모터가, 고속은 엔진이 맡지만, 더 좋은 연비를 달성하기 위해서는 좀 더 정밀한 분배가 필요하다. 하이브리드차의 계기판에 표시되는 자동차의 에너지 흐름을 보면 더 쉽게 이해할 수 있다.

모터를 쓰면 연료가 들지 않지만, 배터리 용량이 크지 않기 때문에 전기만으로 주행하는 데는 한계가 있을 수밖에 없다. 고속도로 영역에서 엔진만으로 주행하면 저항이 커서 연비는 오히려 손해다. 연료를 최종적으로 소비하는 주체는 엔진이므로, 어떤 주행 조건에서도 엔진 효율이 가장 좋은 영역을 따라갈 수 있도록 조절하는 것이 핵심이다.

토요타 프리우스에 들어가는 2ZR-FXE 엔진의 영역별 효율을 나타내는 BSFC 그래프를 보면, 가장 좋은 효율을 내는 영역이 존재한다. 연비 최적화를 위해서 운전자가 특별히 급가속을 요청하지 않는 한 프리우스는 모터만으로 주행하는 EV 영역을 제외하면 엔진이 BSFC의 최적점을 따라 주행하도록 제어한다.

운전자가 원하는 출력이 엔진의 최적 효율과 맞지 않을 수 있다. 만약 엔진 출력이 모자라지만 배터리가 충분하다면, 모터로 출력을 보충하면 된다. 반대로 배터리가 절반 이하로 방전돼 있다면 조금 더 높은 rpm으로 주행하면서 남은 에너지를 배터리에 충전해 뒀다가 다음 주행에 활용할 수도 있다.

이런 최적화 제어를 위해 하이브리드차의 변속기는 주로 단수가 정해져 있지 않은 CVT 계열을 많이 사용한다. 하이브리드 차량은 엔진 자체의 효율을 극대화하는 전략을 활용해서 단순히 에너지를 재활용하는 것 이상으로 연비를 개선하고 있다.

토요타 프리우스의 계기판

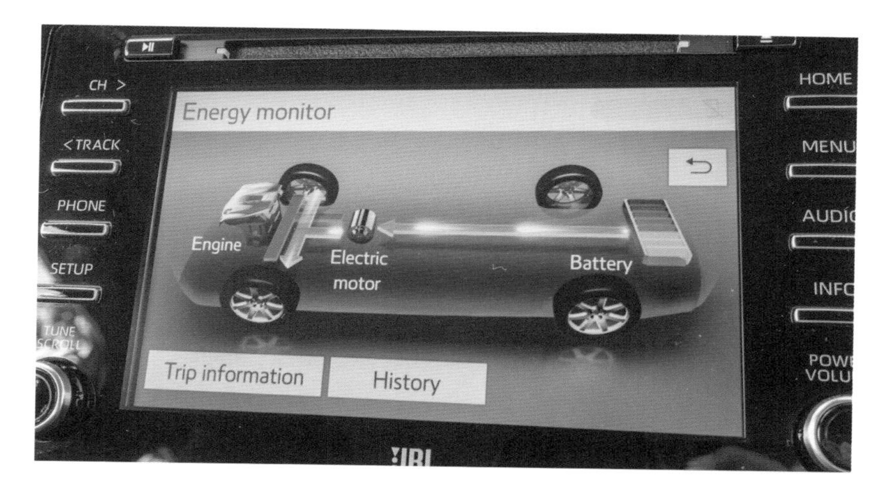

차량 주행 상태와 엔진, 모터, 배터리 사이의 에너지 흐름을 한눈에 볼 수 있다.

토요타 3세대 엔진의 BSFC 도표

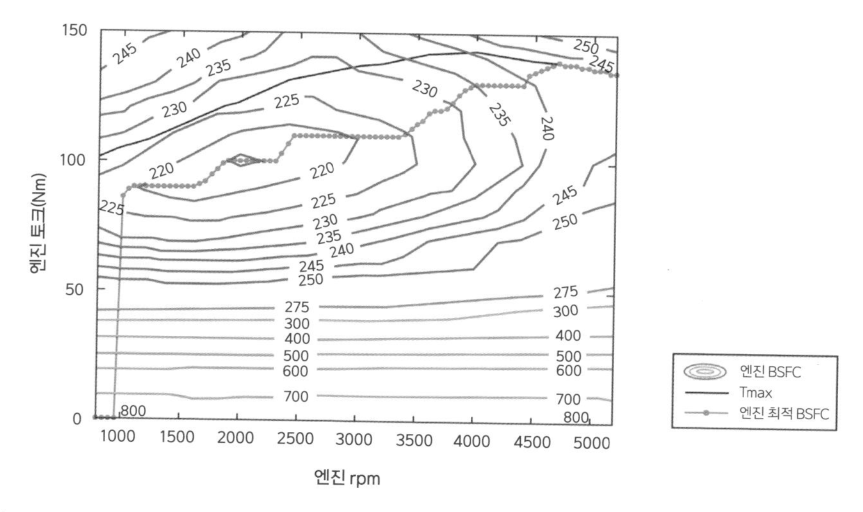

이 도표는 1Nm를 내는 데 필요한 연료량을 나타낸다. (출처 : Priuschat.com)

6-06

사람도 엔진도 다시 움직이는 것이 제일 힘들다

하이브리드는 시동을 걸지 않아 불필요한 연료를 아낀다

첫 시동은 만만치 않은 일이다. 엔진 속 실린더에 연료를 넣어주고 불꽃을 튀겨도, 압축 과정에서 온도와 압력이 올라가지 않으면 제대로 된 연소가 일어나지 않는다. 일반 내연기관 차량은 스타터 모터로 실린더를 움직여 보지만, 아직 윤활유가 제대로 내부를 순환하지 않아 엔진이 뻑뻑하다.

피스톤의 움직임이 원활하지 않으면, 연료가 공기와 충분히 섞이지 못하기 때문에 스파크 플러그 주변에 연료가 충분치 않을 수도 있다. 이를 방지하기 위해 차가운 상태에서 시동을 걸 때는 연료를 공연비의 3배 이상으로 쏴서 일단 첫 폭발이 일어나게 한다. 이렇게 낭비된 연료는 배기가스로 나가거나 엔진 오일 안에서 희석된다.

하이브리드차는 내연기관차와 다르다. 첫 주행의 순간을 모터가 담당하므로 시동에서 손실되는 에너지를 아낄 수 있다. 이미 돌고 있는 모터와 엔진을 연결해서 압축을 충분히 일으킨 후에 필요한 만큼만 연료를 주입하면 된다. 시동을 걸면 발생하는 덜컹거림이 없고, 과분사한 연료로 배기가스에서 기름 냄새가 나는 일도 없다. 잠깐 정차할 때는 엔진이 꺼지고, 재시동도 모터로 자연스럽게 한다.

일단 차가 움직이고 난 다음에 모터로 충분히 움직일 수 있는 상황인데도 갑자기 엔진을 작동시킬 때가 있다. 이때는 냉각수와 엔진 오일을 데워서 마찰력을 줄여주기 위함이다. 차가 충분히 예열되면 엔진을 끄고 더는 연료를 낭비하지 않는다.

다만 모터용 고전압 배터리가 충전돼 있어도, 일반 배터리가 방전되면 고압부와 저압부는 서로 분리돼 있으므로 시스템 전체가 다운된다. 이러면 시동에 필요한 모터를 작동시키는 것이 불가능하다. 이 경우에는 일반 차량용 배터리로 점프해서 시스템을 깨운 후에 모터를 작동시키면 된다.

시동에 필요한 연료량

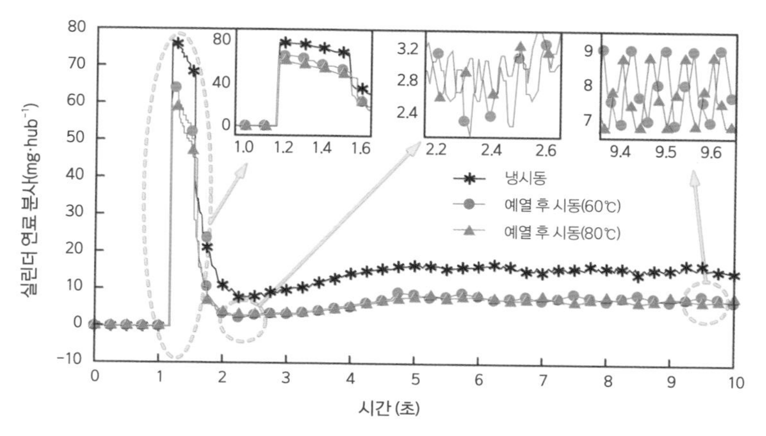

시동을 걸 때는 연료가 더 많이 소비된다. 평소의 3~5배에 달한다. (출처 : Researchgate.net)

2020년 니로 하이브리드 모델의 방전 대응법

비상 시동(일반 하이브리드)

■ 12V 배터리 방전시

▶ **12V BATT RESET (12V 배터리 리셋) 버튼**

일반 하이브리드 차량의 경우 주기적인 교체가 필요한 일반 12V 배터리가 없습니다. 리튬 폴리머 타입으로 HEV 고전압 배터리에 통합되어 있습니다. 차량에는 12V 배터리를 차단할 수 있는 12V 배터리 보호 시스템이 있어 완전 방전을 방지합니다.

차량 방전시 12V 배터리 충전을 위해서는 「12V BATT RESET」 버튼을 눌러 배터리 충전을 시도해야 합니다.

● **12V 배터리 충전 방법**

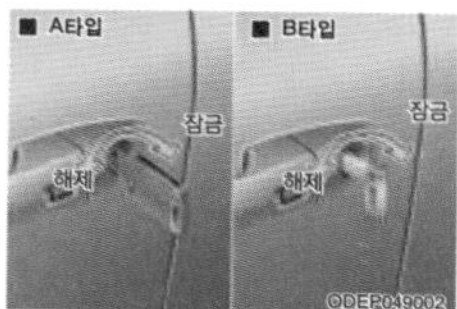

1. 12V 배터리 방전이 되면 리모컨키 또는 스마트키로 도어를 열수 없습니다.

도어를 열기 위해서는 차 밖에서 보조키로 도어 잠금 해제 후 여십시오.
자세한 내용은 4장 「도어」을 참고하십시오.

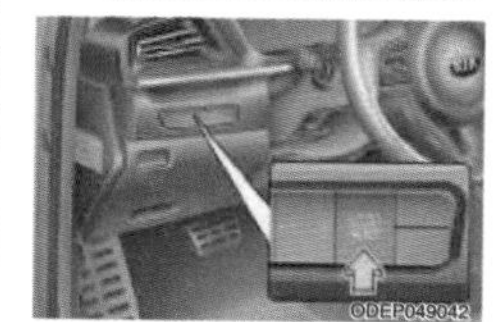

2. 「12V BATT RESET」 버튼을 누르십시오.
3. 약 15초 이내에 시동을 거십시오.
4. 「(아이콘)」(주행 가능) 표시등이 켜진 상태에서 30분 동안 정차하거나 주행을 하십시오.

시동을 건 후(「(아이콘)」(주행 가능) 표시등 켜짐) 엔진의 구동 여부와 관계 없이 12V 배터리가 충전됩니다. 엔진 소리가 나지 않더라도 가속 페달을 밟을 필요가 없습니다.

최근에는 12V 배터리를 고전압 배터리로 깨우는 리셋(reset) 기능이 추가되고 있다. (출처 : 현대자동차 홈페이지)

6-07

연비를 높이는 전기차의 주행 원칙

내연기관차와 다른 전기차만의 연비 늘리는 방법들

전기차든 내연기관차든 연비를 올리려면 에너지 낭비를 줄여야 한다. 불필요한 가속과 감속을 줄이고, 일정한 경제속도로 주행하는 연비 운전은 전기차에서도 유효하다. 트렁크를 비우고, 타이어 공기압을 적절히 유지하며, 에어컨 작동도 알맞게 줄이면 연비 향상에 도움이 된다. 물론 전기차에만 해당하는 팁도 몇 가지 있다.

첫 번째는 회생제동의 활용이다. 회생제동은 운전자가 가속 페달에서 발을 떼거나 브레이크 페달을 밟았을 때 작동하는데, 일반 차량과 달리 가벼운 브레이크에도 전기차는 물리적인 제동 없이 회생제동을 최대치로 올려서 감속한다. 이 점을 인지해서 내리막이나 가속과 감속이 빈번한 도심 주행에서 적절히 회생제동을 잘 활용하면 효율을 많이 높일 수 있다. 급브레이크는 전기차 주행에도 되도록 피해야 한다.

전기차는 모터의 가동 범위가 넓어서 변속할 필요가 없으며 변속 과정에서 낭비되는 에너지를 아낄 수 있다. 그렇다고 급하게 가속하는 건 금물이다.

내연기관차는 필연적으로 열이 발생한다. 이 열을 어떻게 냉각할지 고민하는 내연기관차와 달리 전기차는 새는 열이 없도록 잘 관리해야 한다. 기온이 낮아지면 배터리 성능이 떨어질 뿐 아니라, 실내 난방에도 많은 에너지가 필요하기 때문이다. 모든 장비 중에 히터가 주행 배터리의 전기를 가장 많이 잡아먹는다. 되도록 적정 온도로 설정하고, 시트 열선 같은 보조 난방을 적극적으로 활용하면 연비 개선에 도움이 된다.

충전하는 동안에 미리 배터리와 실내를 예열해 두는 것도 좋다. 최근 전기차들은 윈터 모드로 차가워진 배터리를 예열해 차량의 주행과 충전 성능을 확보한다. 여기에 예약 공조 기능을 사용해서 미리 실내 온도를 높이는 새로운 기능도 추가되고 있다.

회생제동의 원리

관성 주행을 최대한 이용하고, 브레이크도 가볍게 해야 회생제동이 활성화된다.

난방과 주행거리의 관계

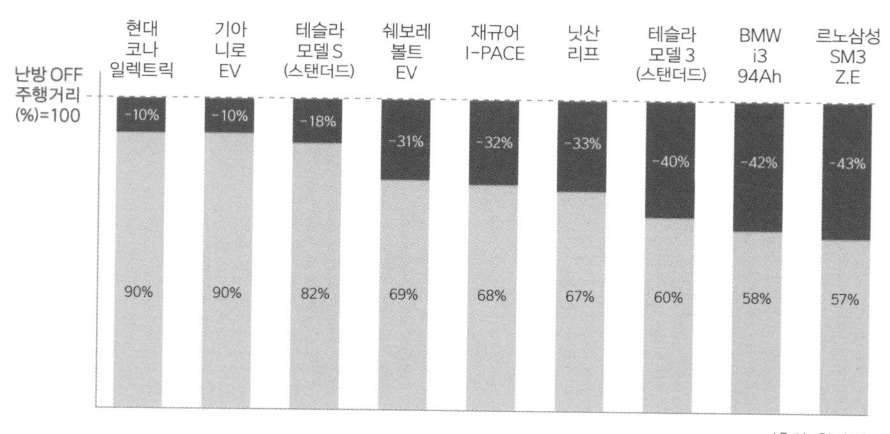

난방을 켜지 않을 때의 주행거리를 100%라고 상정하고 각 차량의 주행거리가 어떻게 변하는지 비교했다. 난방을 사용하면 주행거리는 단축될 수밖에 없다. 주행용이 아닌 차량용 배터리를 사용하는 보조 열선을 활용하자.

6-08

전기차 배터리의 성능을 유지하는 충전 방법

너무 추운 날, 완전 방전이 되는 일을 피하자

오랫동안 전기차의 배터리 성능을 유지하면서 사용하려면, 배터리 특성을 잘 알아야 한다. 급속 충전은 400V 이상의 빠른 충전으로 짧은 시간 동안에도 긴 주행거리를 확보할 수 있지만, 그만큼 배터리 안에서 일어나는 화학반응도 격렬하다. 배터리가 일정 용량 이상 충전된 경우, 화학반응을 일으키는 이온과 전자의 수가 줄면서 반응 속도 역시 떨어진다. 이런 상태에서 전류를 과하게 공급하면 배터리 손상의 우려가 있다.

최신 핸드폰이 배터리 수명을 늘리기 위해 충전 속도를 제어하듯이 전기차의 급속 충전기에도 배터리를 보호하는 충전 프로파일이 내장돼 있다. 처음 연결되면 일단 프리차징(pre-charging)으로 배터리를 달군다. 이후 고전류를 이용해 빠르게 충전하고, 어느 정도 충전량이 차면 충전 속도를 줄여서 배터리를 보호한다. 일부 전기차에서는 급속/완속 충전에 따라 최고 충전량 자체를 차량에서 설정할 수 있다.

충전 자체가 화학반응인 만큼 배터리의 온도도 충전 시간을 좌우하는 중요한 조건 중 하나다. 배터리를 예열하면 프리차징을 하는 시간을 줄여서 급속 충전 시간을 크게 줄일 수 있다. 최신 전기차는 내비게이션 목적지를 급속 충전소로 설정하면 배터리 컨디셔닝 모드가 작동한다. 충전소 도착 전에 배터리가 데워질 수 있도록 배터리 냉각 장치 설정을 조정한다.

전기차를 오래 타도 배터리 성능을 생생하게 유지하는 방법은 핸드폰과 유사하다. 고온이나 저온 환경에 노출되는 일을 줄이고, 완전 방전은 되도록 피한다. 배터리 잔량을 일정 수준으로 유지하면 가장 좋은데, 그러려면 전략적으로 최종 목적지와 경유지를 파악하고, 주행 경로상에 위치한 충전소를 알아봐서 충전량과 남은 주행거리에 맞는 충전 계획을 세울 필요가 있다.

급속 충전기 내 충전 프로파일 정보

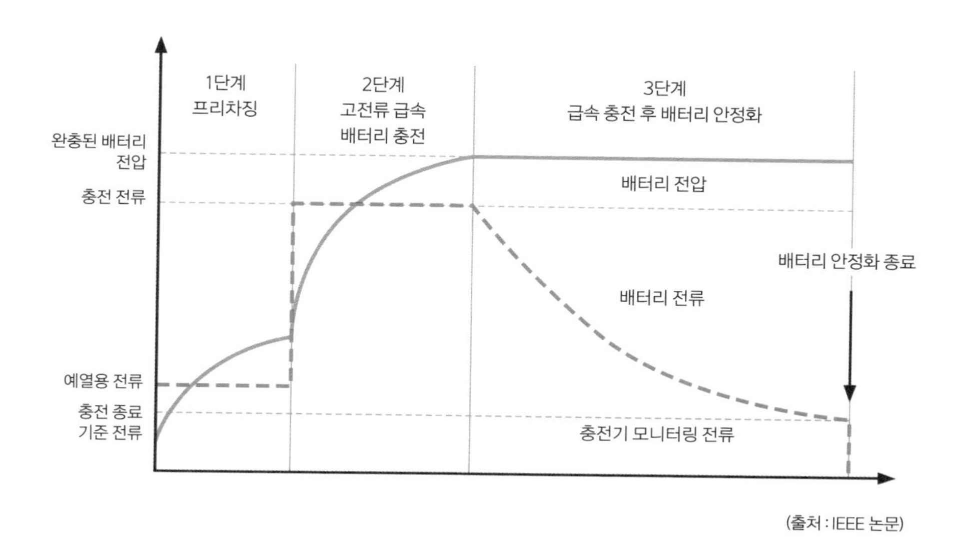

(출처 : IEEE 논문)

배터리 온도와 완충 시간

자동차 모델명	충전 속도	기준 출력
현대 아이오닉 5	5분 충전으로 최대 100km 주행	350KW
	배터리 용량 80%를 18분에 충전	
테슬라 모델 Y	평균 1시간 동안 배터리 용량 80% 충전	120KW
폭스바겐 ID.4	10분 충전으로 최대 96km 주행	125KW

배터리 온도를 높여두면 완충 시간이 급격히 줄어든다.

6-09

낮은 온도에도 효율을 포기할 수 없는 전기차

추위에 강하며 버리는 열을 재활용하는 배터리

겨울에 스마트폰을 실외에 두면 갑자기 꺼져버리는 일이 있다. 스마트폰만 이런 일이 생기는 것은 아니다. 배터리를 사용하는 모든 전자 제품이 추위에 취약하다. 대표적인 리튬 이온 배터리의 충 · 방전은 양극과 음극 사이를 리튬 이온이 이동하면서 이뤄진다. 이때 온도가 낮으면 리튬 이온의 이동 속도가 떨어져서 효율도 나빠진다. 전기차와 하이브리드차에 들어가는 배터리도 마찬가지다.

겨울철에는 히터를 쓰기 마련인데, 히터 사용은 전기차의 주행거리를 잡아먹는 요인이다. 내연기관 차량은 엔진의 열기로 뜨거워진 냉각수를 히터 코어에 순환시켜 공기를 데우지만, 전기차는 배터리의 전기로 전기난로를 사용하는 것과 같다.

이런 약점을 보완하려고 배터리 히팅 펌프 시스템이 개발되기도 했다. 차에서 발생하는 열을 최대한 활용해서 배터리를 따뜻하게 유지하고, 실내 난방에도 사용한다. 2021년 노르웨이에서 진행된 혹한기 주행거리 변동 비교 실험에서 이 시스템을 적용한 현대자동차는 다른 제조사보다 월등한 결과를 보였다. 최근에는 테슬라 모델 Y와 모델 3 뉴모델 등에도 적용됐다.

궁극적으로는 추위에 영향을 받지 않고 성능을 유지할 수 있는 전고체 배터리가 곧 상용화될 것이다. 일반적인 리튬 이온 배터리는 양극과 음극 사이에 접촉을 방지하는 분리막이 위치하고 액체 전해질이 양극, 음극, 분리막과 함께 있다. 전고체 배터리는 액체 전해질 대신 고체 전해질이 포함되면서 분리막의 역할까지 대신한다.

전고체 배터리는 구조적으로 단단하고 안정적이며, 전해질이 훼손되더라도 형태를 유지할 수 있다. 별도의 분리막이 필요하지 않아 같은 부피에 더 많은 용량을 충전할 수 있으며 충전 속도도 빠르다. 추위에도 변함없는 성능을 내기 때문에 겨울철에 평소 주행거리를 확보할 수 있다.

배터리 히팅 시스템의 구조

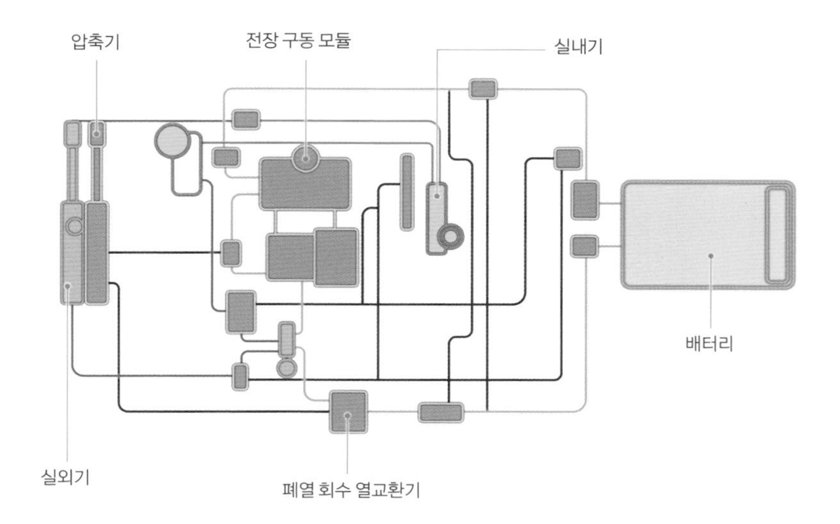

전기차의 단점인 겨울철 배터리 문제를 어느 정도 해결해 준다. (참고 : 현대자동차 블로그 자료)

전고체 배터리의 구조

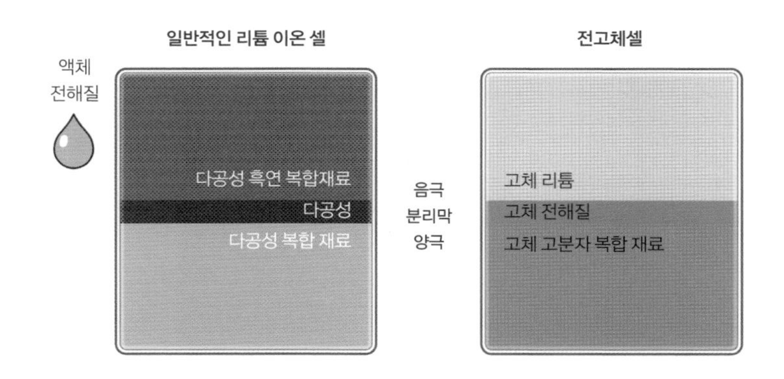

기존 리튬 배터리를 뛰어넘을 차세대 배터리로 전고체 배터리가 주목받고 있다.
(참고 : 톰 덴튼, 《전기차 첨단기술 교과서》)

Column

전기차가 환경에 더 안 좋을 수도 있다?

흔히들 전기차는 내연기관차에 비해 친환경적이라고 알려져 있다. 이동 중에는 연료를 태워서 에너지를 만드는 내연기관차가 확실히 이산화탄소를 더 많이 배출한다. 그러나 차량의 제작부터 폐차까지 모든 주기를 고려하면, 반드시 전기차가 친환경적이라고 이야기하기 어렵다.

실제로 전기차를 생산하는 과정에서 발생한 이산화탄소의 양이 만만치 않다. 골드만삭스의 2019년 보고서에 따르면 전기차를 생산할 때의 이산화탄소 배출량은 가솔린 자동차의 2배라고 한다. 주요 원인은 배터리다. 희토류를 중심으로 한 전극 재료의 생산과 셀 제조 및 알루미늄 제련에 많은 에너지가 든다.

TTW(Tank to Wheel)로 개선되는 탄소 저감에도 한계가 있다. 만약 화석연료를 이용해서 전기를 생산한다고 하면, 도심 오염 밀도는 줄일 수 있어도 전 지구적인 탄소 중립화에는 전혀 도움이 되지 않는다. 그래서 WTT(Well to Tank), 즉 에너지를 생산하는 과정에서 발생하는 탄소를 줄일 수 있는 바이오 연료나 친환경 발전의 비중을 늘리는 일이 활발히 진행 중이다.

전기차가 진짜 친환경 차량으로 거듭나려면 이렇듯 라이프 사이클 단계 모두에서 발생하는 이산화탄소량을 줄여야 한다. 유럽은 제조에서 폐차에 이르는 모든 단계에서 발생하는 이산화탄소의 총량을 제한하는 규제를 이미 실행 중이다. 2024년까지 배터리 재활용률이 65%를 넘겨야 하고, 코발트나 리튬, 니켈 같은 원재료 중 10% 이상을 재활용 재료로 사용하도록 의무화하고 있다.

폭스바겐이 ID.3를 출시하면서 배터리 생산 과정에서 발생한 이산화탄소를 44%나 저감했다고 강조하고, 르노가 폐배터리를 다양한 산업에서 보조 배터리로 활용하는 것도 이런 배경 때문이다. 그야말로 생산 초기 과정에서부터 재활용을 염두에 둬야만 차를 팔 수 있는 시대가 다가오고 있는 셈이다.

부록

1. 한눈에 살펴보는 자동차 에너지 흐름과 연비

2. 나는 연비 주행을 하고 있을까?

3. 오래 가고 멀리 가는 연비 운전의 핵심 TIP 20가지

한눈에 살펴보는 자동차 에너지 흐름과 연비

1 엔진 손실 68~72%

연료를 연소해 운동에너지를 만드는 과정에서 가장 많은 손실이 일어난다. 자동차 제조사는 엔진 효율을 높이는 한편, 터보 기술(110쪽 참고)이나 가변 실린더 기술(122쪽 참고)을 이용해 연비를 올린다. 엔진의 중요성을 생각할 때 운전자에게 연비 운전의 출발점은 엔진 구조(1장 참고)를 이해하는 것이다. 연비 주행 요령(3장 참고)이 엔진 손실과 관련 있음을 이해하자.

2 와류손 4~6%

자동차가 달리면 자연스레 공기저항이 일어난다. 물체의 형태에 따라 공기저항 계수가 달라지기 때문에 관련 연구를 많이 하고 있다.(144쪽 참고) 세단보다 SUV의 연비가 나쁜 이유도 이와 같다.(146쪽)

3 구동계 손실 5~6%

변속기의 특성과 기능을 살펴보면(2장 참고) 파워트레인에서 일어나는 에너지 손실을 줄이기 위한 엔지니어들의 노력이 보인다. 각 변속기의 장단점을 이해하면 연비가 더욱 이해된다. 예를 들어 2륜과 4륜의 연비 차이(52쪽)를 알고 있다면 연비를 기준으로 차량을 구매할 때 도움이 될 것이다.

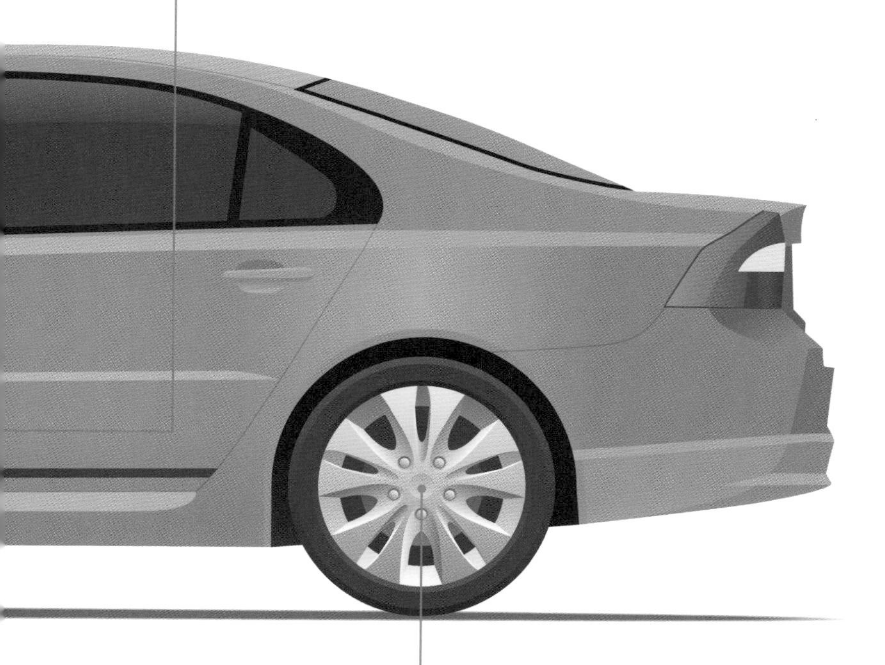

4 바퀴 손실

노면과 직접 접촉하는 바퀴에서 일어나는 손실도 상당하다. 휠얼라인먼트 점검을 주기적으로 받고(148쪽 참고) 적정한 공기압을 유지하면(150쪽 참고) 연비 향상에 도움을 준다. 계절에 따라 공기압 상태를 관리하고(72쪽) 용도에 맞는 타이어를 선택하면(152쪽) 연비 향상에 좋다.

나는 연비 주행을 하고 있을까?
운전 습관을 점검해 연비를 올려보자!

평소 운전 습관에 조금만 신경을 써도 알게 모르게 새어 나가는 기름을 아낄 수 있다. 다음 설문으로 자신의 운전 습관을 점검하고, 어떤 점을 개선해야 하는지 파악하자. 올바른 습관으로 운전하면 자동차 연비를 올리고 환경을 보호하는 데도 일조할 수 있다.

1 별다른 일이 없다면 정속 주행을 합니까? O X

2 급가속이나 급제동을 자제합니까? O X

3 타이어 공기압을 적정 수준으로 유지하고 있습니까? O X

4 자동차에 불필요한 짐을 절대 싣지 않습니까? O X

5 엔진 오일과 냉각수를 적정 수준으로 유지하고 있습니까? O X

6 자동차를 정기적으로 점검합니까? O X

7 연료 효율이 좋은 차량을 운전하고 있습니까? O X

8 연료를 절약할 수 있는 최적의 경로를 선택합니까? O X

9 교통 정체를 피하려고 출퇴근 시간을 조정하고 있습니까? O X

10 자동차를 공회전시키는 것을 피하고 있습니까? O X

11 에어컨과 히터를 적절하게 사용합니까? O X

12 창문을 닫고 운전합니까? O X

13 짐을 실을 때는 적절하게 짐을 고정합니까? O X

14 타이어를 교체할 때 연비에 적합한 타이어로 교체합니까? O X

15 자동차가 받는 공기저항을 줄이려고 불필요한 액세서리를 제거합니까? O X

16 앞차와 안전거리를 유지하며 천천히 속도를 줄입니까? O X

17 자동차 엔진을 최적의 상태로 유지하려고 정기적으로 점검합니까? O X

18 자동차 연료 필터를 정기적으로 교체합니까? O X

19 자동차 점화 플러그를 정기적으로 교체합니까? O X

20 자동차 오일을 정기적으로 교체합니까? O X

O 개수 20~15개 ▶ 연비 운전을 실천 중입니다!

O 개수 15~10개 ▶ 조금만 더 신경 쓰면 완벽!

O 개수 10~0개 ▶ 연비 운전을 시작해 봅시다!

오래 가고 멀리 가는 연비 운전의 핵심 TIP 20가지

책에서 제시한 운전 요령 중 핵심 팁을 모아 정리했다.
작은 실천으로 큰 변화를 만들어보자.
평소 운전 습관을 고치는 것만으로도 연비를 상당히 개선할 수 있다.

1 브레이크를 밟지 말고 달려라. ▶ 56쪽
불필요한 가감속을 자제하면 연비가 올라간다.

2 급가속은 독이다. 절대 하지 말라. ▶ 58쪽
액셀을 급하게 밟으면 연료가 많이 소모된다.

3 웬만하면 추월하지 말라. ▶ 60쪽
추월하려고 급가속하면 연비가 떨어진다.

4 정차 시에 기어는 N단으로 둘 필요가 없다. ▶ 62쪽
3~4분 이내의 정차라면 연비에 영향이 없다.

5 내리막에서는 기어를 N단에 두지 말라. ▶ 64쪽
돌발 상황에 대처하려면 D단에 두는 게 좋다.

6 가장 높은 기어 단수에서 가장 낮은 rpm을 유지하라. ▶ 66쪽
이때야말로 가장 효율적인 경제속도를 낸다.

7 크루즈 기능을 적극적으로 활용하자. ▶ 68쪽
불필요한 가속을 줄여 연비를 올린다.

8 시동 후에 예열을 충분히 하자. ▶ 70쪽
엔진이 차가우면 연소가 불안해진다.

9 가능하면 실내 주차장을 이용하라. ▶ 76쪽
실내 주차장이 예열 시간을 줄여준다.

10 실내 온도를 최대한 낮춘 후에 에어컨을 켜자. ▶ 78쪽

높은 온도에서 에어컨을 켜면 에너지가 많이 든다.

11 2분 이상 정차한다면 시동을 끄자. ▶ 82쪽

공회전은 연비와 환경 모두에 안 좋다.

12 자동차 전용 도로를 이용하자. ▶ 84쪽

경제속도를 유지할 가능성이 크다.

13 오르막과 내리막에서는 기어를 저단으로 바꿔라. ▶ 86쪽

엔진 브레이크를 활용하면 안전하고 퓨얼 커트도 할 수 있다.

14 시내 도로에서 허용하는 속도의 5% 이상을 넘기지 말라. ▶ 88쪽

속도를 높여도 단속 카메라 탓에 급감속을 해야 한다.

15 앞차 브레이크등이 켜지면 바로 액셀에서 발을 떼라. ▶ 88쪽

엔진 브레이크로 최대한 감속해야 퓨얼 커트 구간이 늘어난다.

16 교통 혼잡을 피해 최적의 경로를 찾아 이용하라. ▶ 88쪽

반복적인 가다 서기는 기름을 잡아먹는다.

17 고속도로에서는 안전거리를 충분히 확보하라. ▶ 90쪽

충분한 안전거리가 관성 주행의 핵심이다.

18 트렁크에는 절대 짐을 많이 두지 말라. ▶ 92쪽

무게가 늘면 에너지 소모도 늘어난다.

19 경고등이 뜨기 전에 기름을 넣자. ▶ 96쪽

연료가 부족한 상태에서 주행하면 엔진에 부담을 준다.

20 전기차라면 보조 난방을 활용하라. ▶ 174쪽

히터는 주행 배터리의 전기를 잡아먹는다.

참고 문헌

참고 도서

《Bosch Automotive Handbook》, SAE, 2011
《Internal Combustion Engine Fundamentals》, John Heywood, McGraw-Hill, 1998
《내연기관 애니메이션 2017》, 강주원, 골든벨, 2017
《자동차 구조 교과서》, 아오야마 모토오, 보누스, 2015
《자동차 첨단기술 교과서》, 다카네 히데유키, 보누스, 2016
《자동차 공학》, 선우명호, 임홍재 옮김, McGraw-Hill Korea, 2009
《전기차 첨단기술 교과서》, 톰 덴튼, 보누스, 2021

참고 사이트

Audi Media Center : audi-mediacenter.com/en/technology-235
Automotive statistics data : statista.com
Diesel Net : dieselnet.com
Elecrogenic UK : electrogenic.co.uk
European Commission Climate Action : climate.ec.europa.eu/eu-action_en
Mckinsey&Company Automotive Industry Report : mckinsey.com/industries/automotive-and-assembly/our-insights
Renault Group technical news : renaultgroup.com/en/news-on-air/
Society of Automotive Engineering (SAE) : sae.org
State of California Air Resources Board (CARB) : ww2.arb.ca.gov
United States Environmental Protection Agency (EPA) : epa.gov/emission-standards-reference-guide
글로벌오토뉴스 : global-autonews.com
르노코리아자동차 공식 포스트 : post.naver.com/rsm2019
유가정보공개사이트 오피넷 : opinet.co.kr/user/dopospdrg/dopOsPdrgSelect.do
차량관리앱 마이클 홈페이지 : macarongblog.tistory.com/category
한국산업기술진흥원 (KIAT) : kiat.or.kr/front/user/main.do
한국에너지공단 : bpms.kemco.or.kr:444/transport_2012/main/main.aspx
한국자동차공학회 (KSAE) : ksae.org/index.php
한국지엠 톡 Blog : blog.gm-korea.co.kr
현대자동차 테크스토리 사이트 : tech.hyundaimotorgroup.com/kr

사진 자료

13쪽·65쪽 Best Auto Photo/sutterstock, 21쪽 Daniliuc Victor/sutterstock, 29쪽 Mkaz328/sutterstock, 39쪽 Dima Aletskyi/sutterstock, 41쪽 ilmarinfoto/sutterstock, 49쪽 gnepphoto/sutterstock, 69쪽 MIA Studio/sutterstock, 73쪽 dies-irae/sutterstock, 75쪽 vchal/sutterstock, 81쪽 Flipser/sutterstock, 85쪽 JULY_P30/sutterstock, 89쪽 generated/sutterstock, 93쪽 Diramotido/sutterstock·otomobil/sutterstock, 99쪽 chanonnat srisura/sutterstock, 123쪽 urciser/sutterstock, 125쪽 Alizada Studios/sutterstock, 131쪽 kichigin/sutterstock, 135쪽 BigTunaOnline/sutterstock, 151쪽 cristian ghisla/sutterstock, 163쪽 Rudy Balasko/sutterstock, 177쪽 Teddy Leung/sutterstock

찾아보기

자

차

카

타

파

하